数控铣床与加工中心项目教程

孙敬文 编

天津大学出版社
TIANJIN UNIVERSITY PRESS

图书在版编目(CIP)数据

数控铣床与加工中心项目教程/孙敬文编.—天津：
天津大学出版社,2016.12
　　ISBN 978-7-5618-5729-8

　　Ⅰ.①数… Ⅱ.①孙… Ⅲ.①数探机床－铣床－程序
设计－教材②数控机床加工中心－程序设计－教材　Ⅳ.
①TG547②TG659

中国版本图书馆 CIP 数据核字(2016)第 308866 号

出版发行	天津大学出版社	
地　　址	天津市卫津路 92 号天津大学内(邮编:300072)	
电　　话	发行部:022-27403647	
网　　址	publish.tju.edu.cn	
印　　刷	北京京华虎彩印刷有限公司	
经　　销	全国各地新华书店	
开　　本	185mm×260mm	
印　　张	6	
字　　数	150 千	
版　　次	2016 年 12 月第 1 版	
印　　次	2016 年 12 月第 1 次	
定　　价	18.00 元	

前　　言

本书借鉴了国内外先进职业教育的理念、模式和方法,是以适应社会需求为目标,以培养技术应用能力为主线,在教学内容与教学要求上,参照有关行业的职业技能鉴定规范及相关国家职业标准的初、中级技术工人考核标准编写的。本书对数控技术应用专业教学内容和教学方法进行了改革,是基于工作过程由简单到复杂,以符合学生认知规律而编写的。本书是中等职业学校数控技术应用专业的实训教材,也适于作为企业数控领域技能型人才培训的教材。

本书的主要特点如下。

1.突出了以能力为本位的要求,在基础知识的选择上,以"必需、够用"为原则,体现了针对性和实践性。

2.注重把理论知识和技能训练相结合,教学实训和生产实际相结合,将职业素养贯穿始终。

3.将数控铣削及数控加工中心入门级、中级技术工人等级考核标准引入教学实训,将数控铣削过程与操作训练,职业技能鉴定等内容和国家职业标准相结合、相统一,满足岗前培训和就业的需要。

本书由天津市电子计算机中等职业学校数控专业组统一规划编写,在编写过程中,得到了校领导的大力支持,同时校企合作企业给与了大量的技术支持,而且通过了数控专业教材建设委员会的评审认定。在此一并致谢。

由于编者学术水平有限,难免有错漏之处,敬请批评指正。

编者

2016 年 6 月

目　录

项目一 数控铣床基础知识与工艺分析

任务一 数控铣床基础知识

一、任务目标

(1)了解数控铣床的种类。
(2)了解数控铣床的组成。
(3)了解数控铣床的特点。
(4)了解数控铣床的应用场合。

二、设备

数控铣床若干。

三、相关知识

(一)数控铣床的组成和工作原理

1. 数控铣床的组成

数控铣床一般由输入/输出设备、计算机数控装置、电气回路、主轴伺服单元、进给驱动装置、主轴驱动装置(或称执行机构)、可编程控制器 PLC 及电气控制装置、辅助装置、机床本体及测量反馈装置等组成,如图 1-1 所示。

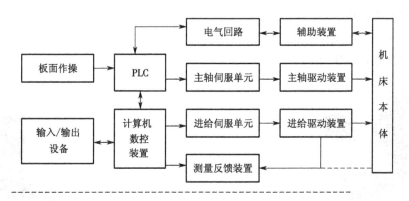

图 1-1 数控机床的组成

2. 数控铣床的工作原理

使用数控铣床时,首先要将被加工零件图纸的几何信息和工艺信息用规定的代码和格式编写成加工程序；然后将加工程序输入数控装置，按照程序的要求，经过数控系统信息处理、分配，使各坐标移动若干个最小位移量，实现刀具与工件的相对运动，完成零件的加工。

3. 数控铣床的特点

与普通铣床相比，数控铣床具有以下特点：

（1）半封闭或全封闭式防护；

（2）主轴无级变速且变速范围宽；

（3）采用手动换刀，刀具装夹方便；

（4）一般为三坐标联动；

（5）应用广泛。

4. 数控铣床的应用场合

数控铣床能够铣削加工各种平面、斜面轮廓和立体轮廓零件，如各种形状复杂的凸轮、样板、模具、叶片、螺旋槽、螺旋桨等。与加工中心相比，数控铣床除了缺少自动换刀功能以及刀库外，其他方面均与加工中心类似，配上相应的刀具还可以对工件进行钻、扩、铰、锪、镗孔与攻丝等，但其主要还是用来对工件进行铣削加工。

（二）数控铣床种类

数控铣床的分类方法很多，这里介绍常见的两种。

1. 按主轴的布置形式及机床的布局特点分类

按主轴的布置形式及机床的布局特点数控铣床可分为以下几类。

（1）立式数控铣床（图 1-2）。

（2）卧式数控铣床（图 1-3）。

（3）立卧两用式数控铣床（图 1-4）。

2. 按数控铣床构造分类

按数控铣床构造数控铣床可分为以下几类。

（1）立式数控铣床。

（2）卧式数控铣床。

（3）立卧两用数控铣床。

（4）龙门式数控铣床（图 1-5）。

图 1-2　立式数控铣床

图 1-3　卧式数控铣床

图1-4 立卧两用数控铣床

图1-5 龙门式数控铣床

（三）思考与练习

1. 数控铣床一般由哪几部分组成？

2. 数控铣床的加工特点有哪些？

3. 数控铣床适用于什么场合？

任务二 数控铣床零件加工的工艺分析

一、任务目标

（1）了解数控铣床的种类。

（2）了解数控铣床的组成。

（3）了解数控铣床的特点。

（4）了解数控铣床的应用场合。

二、设备

数控铣床若干。

三、相关知识

数控铣削加工的工艺设计是在普通铣削加工工艺设计的基础上，考虑和利用数控铣床的特点，充分发挥其优势。关键在于合理安排工艺路线，协调数控铣削工序与其他工序之间的关系，确定数控铣削工序的内容和步骤，并为程序编制准备必要的条件。

（一）数控铣削加工部位及内容的选择与确定

一般情况下，某个零件并不是所有的表面都需要采用数控加工，应根据零件的加工要求和企业的生产条件进行具体分析，确定具体的加工部位、加工内容及要求。

具体而言，以下情况适宜采用数控铣削加工：

（1）由直线、圆弧、非圆曲线及列表曲线构成的内外轮廓；

(2)空间曲线或曲面；

(3)形状虽然简单,但尺寸繁多,检测困难的部位；

(4)用普通机床加工时难以观察、控制及检测的内腔、箱体内部等；

(5)有严格位置尺寸要求的孔或平面；

(6)能够在一次装夹中顺带加工出来的简单表面或形状。

下列加工内容一般不采用数控铣削加工：

(1)需要进行长时间占机人工调整的粗加工内容；

(2)毛坯上的加工余量不太充分或不太稳定的部位；

(3)简单的粗加工面；

(4)必须用细长铣刀加工的部位,一般指狭长深槽或高筋板小转接圆弧部位。

(二)数控铣削加工零件的工艺性分析

根据数控铣削加工的特点,对零件图样进行工艺性分析时,应主要分析与考虑以下的问题。

1.零件图分析

首先应熟悉零件在产品中的作用、位置、装配关系和工作条件,搞清楚各项技术要求对零件装配质量和使用性能的影响,找出主要的关键的技术要求,然后对零件图样进行分析。

1)尺寸标注方法分析

零件图上尺寸标注方法应适应数控加工的特点,如图1-6所示,在数控加工零件图上,应以同一基准标注尺寸或直接给出坐标尺寸。这种标注方法既便于编程又有利于设计基准、工艺基准、测量基准和编程原点的统一。由于零件设计人员一般在尺寸标注中较多地考虑装配等使用方面特性,而不得不采用1-7所示的局部分散基准的标注方法,这样就给工序安排和数控加工带来诸多不便。由于数控加工精度和重复定位精度都很高,不会因产生较大的累积误差而破坏零件的使用特性,因此,可将局部的分散基准标注方法改为统一基准标注或直接给出坐标尺寸的标注方法。

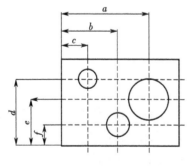

图1-6   统一基准标注方法

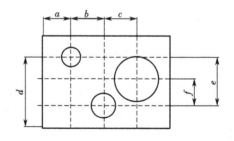

图1-7   分散基准标注方法

2)零件图的完整性与正确性分析

构成零件轮廓的几何元素(点、线、面)条件(如相切、相交、垂直和平行)是数控编程的重要依据。手工编程时要计算构成零件轮廓的每一个节点坐标；自动编程时要对构成零件轮廓的所有几何元素进行定义,如果某一条件不充分,则无法计算零件轮廓的节点坐标和表达零件轮廓的几何元素,导致无法进行编程,因此图纸应当完整地表达构成零件轮廓的几何元素。

3)零件技术要求分析

零件的技术要求主要是指尺寸精度、形状精度、位置精度、表面粗糙度及热处理等。这些要求在保证零件使用性能的前提下,应经济合理。过高的精度和表面粗糙度要求会使工艺过程复杂、加工困难、成本提高。

4)零件材料分析

在满足零件功能的前提下,应选用廉价、切削性能好的材料。而且,材料选择应立足国内、不要轻易选用贵重或紧缺的材料。

2.零件的结构工艺性分析

零件的结构工艺性是指所设计的零件在满足使用要求的前提下制造的可行性和经济性。良好的结构工艺性,可以使零件加工容易、节省工时和材料。而较差的零件结构工艺性,会使加工困难、浪费工时和材料,有时甚至无法加工。因此,零件各加工部位的结构工艺性应符合数控加工的特点。

(1)工件的内腔与外形应尽量采用统一的几何类型和尺寸,这样可以减少刀具的规格和换刀的次数,方便编程和提高数控机床加工效率。

(2)工件内槽及缘板间的过渡圆角半径不应过小。

过渡圆角半径反映了刀具直径的大小,刀具直径和被加工工件轮廓的深度之比与刀具的刚度有关,如图 1-8(a)所示,当 $R<0.2H$ 时(H 为被加工工件轮廓面的深度),则判定该工件该部位的加工工艺性较差;如图 1-8(b)所示,当 $R>0.2H$ 时,则刀具的当量刚度较好,工件的加工质量能得到保证。

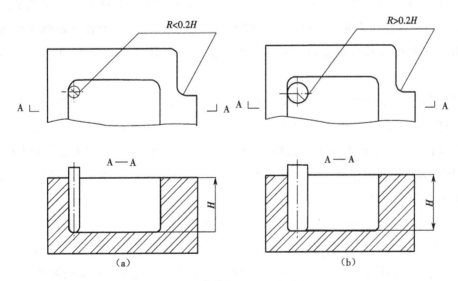

图 1-8　内槽结构工艺性对比

(3)铣工件的槽底平面时,槽底圆角半径 r 不宜过大。

如图 1-9 所示,铣削工件底平面时,槽底的圆角半径 r 越大,铣刀端刃铣削平面的能力就越差,铣刀与铣削平面接触的最大直径 $d=D-2r$(D 为铣刀直径),当 D 一定时,r 越大,铣刀端刃铣削平面的面积越小,加工平面的能力就越差、效率越低、工艺性也越差。当 r 大到一定程度时,甚至必须用球头铣刀加工,这是应该尽量避免的。

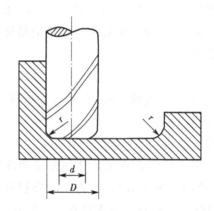

图 1-9　槽底平面圆弧对加工工艺的影响

此外,还应分析零件所要求的加工精度、尺寸公差等是否可以得到保证,有没有引起矛盾的多余尺寸或影响加工安排的封闭尺寸等。

(三)数控铣削加工路线的拟定

在确定走刀路线时,除了遵循数控加工工艺的一般原则外,对于数控铣削应重点考虑以下几个方面。

1.保证零件的加工精度和表面粗糙度要求

(1)当铣削平面零件外轮廓时,一般采用立铣刀侧刃切削。立铣刀侧刃铣削平面零件外轮廓时避免沿零件外轮廓的法向切入和切出,如图 1-10 所示,应沿着外轮廓曲线的切向延长线切入或切出,这样可避免刀具在切入或切出时产生的刀刃切痕,保证零件曲面的平滑过渡。

(2)铣削封闭的内轮廓表面时,若内轮廓外延,则应沿切线方向切入、切出。若内轮廓曲线不允许外延图 1-11,刀具只能沿内轮廓曲线的法向切入、切出,此时刀具的切入、切出点应尽量选在内轮廓曲线两几何元素的交点处。当内部几何元素相切无交点时如图 1-12 所示,为防止刀具施加刀偏时在轮廓拐角处留下凹口如图 1-12(a)所示,刀具切入、切出点应远离拐角如图 1-12(b)所示。

(3)如图 1-13 所示,用圆弧插补方式铣削外整圆时,要安排刀具从切向进入圆周铣削加工,当整圆加工完毕后,不要在切点处直接退刀,而让刀具多运动一段距离,最好沿切线方向,以免取消刀具补偿时,刀具与工件表面相碰撞,造成工件报废。铣削内圆弧时,也要遵守从切向切入的原则,安排切入、切出过渡圆弧,如图 1-14 所示,若刀具从工件坐标原点出发,其加工路线为 1→2→3→4→5,这样,来提高内孔表面的加工精度和质量。

(4)对于孔位置精度要求较高的零件,在精镗孔系时,镗孔路线一定要注意各孔的定位

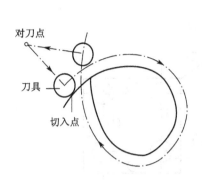

图 1-10　外轮廓加工刀具的切入切出

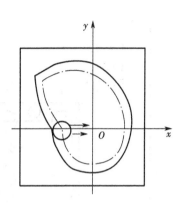

图 1-11　内轮廓加工刀具的切入切出

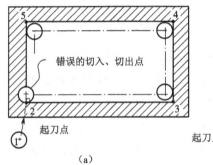

（a）

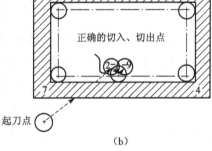

（b）

图 1-12　无交点内轮廓加工刀具的切入和切出

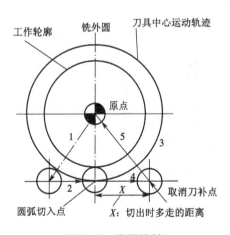

图 1-13　外圆铣削

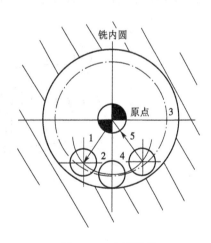

图 1-14　内圆铣削

方向一致，即采用单向趋近定位点的方法，以避免传动系统反向间隙误差或测量系统的误差对定位精度的影响。例如图 1-15(a)所示的孔系加工路线，在加工孔Ⅳ时，x 方向的反向间隙将会影响Ⅲ、Ⅳ两孔的孔距精度；如果改为图 1-15(b)所示的加工路线，可使各孔的定位方向一致，从而提高孔距精度。

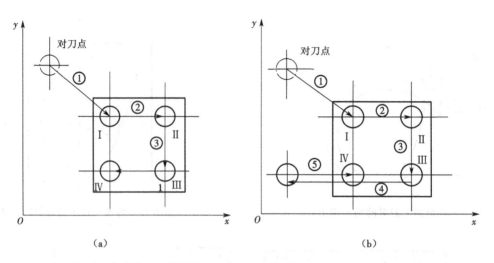

（a）　　　　　　　　　　　　　　（b）

图 1-15　孔的位置精度处理

（5）铣削曲面时,常用球头刀采用"行切法"进行加工。所谓行切法是指刀具与零件轮廓的切点轨迹是一行一行的,而行间的距离是按零件加工精度的要求确定的。对于边界敞开的曲面加工,可采用两种加工路线。如图 1-16 所示,对于发动机大叶片,当采用图 1-16（a）的加工方案时,每次沿直线加工,刀位点计算简单,程序少,加工过程符合直纹面的形成,可以准确保证母线的直线度。当采用图 1-16（b）的加工方案时,符合这类零件数据给出情况,便于加工后的检验,叶形的准确度高,但程序较多。由于曲面零件的边界是敞开的,没有其他表面限制,所以曲面边界可以延伸,球头刀应由边界外开始加工。

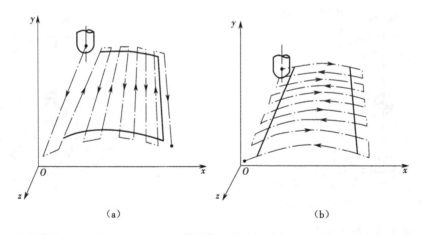

（a）　　　　　　　　　　　　　（b）

图 1-16　曲面加工的走刀路线

2. 应使走刀路线最短,减少刀具空行程时间,提高加工效率

图 1-17 所示为正确选择钻孔加工路线的例子。通常先加工均布于同一圆周上的 8 个孔,再加工另一圆周上的孔如图 1-17（a）所示。但是对点位控制的数控机床而言,要求定位精度高,定位过程尽可能快,因此这类机床应按空程最短来安排走刀路线如图 1-17（b）所

示,以节省加工时间,提高效率。

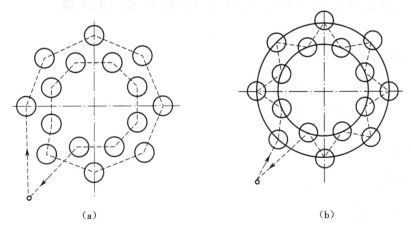

（a）　　　　　　　　　　　　　（b）

图 1-17　最短加工路线选择

3.最终轮廓一次走刀完成

为保证工件轮廓表面加工后的粗糙度要求,最终轮廓应安排在最后一次走刀中连续加工出来。

如图 1-18(a)为用行切方式加工内腔的走刀路线,这种走刀能切除内腔中的全部余量,不留死角,不伤轮廓。但行切法将在两次走刀的起点和终点间留下残留高度,而达不到要求的表面粗糙度。所以如采用 1-18(b)图的走刀路线,先用行切法,最后沿周向环切一刀,光滑轮廓表面,能获得较好的效果。图 1-18(c)所示也是一种较好的走刀路线方式。

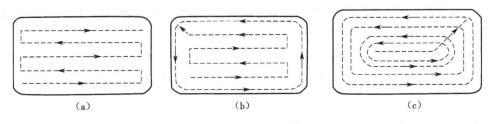

（a）　　　　　　　　　（b）　　　　　　　　　（c）

图 1-18　铣削内腔的三种走刀路线

4.选择使工件在加工后变形小的路线

对横截面积小的细长零件或薄板零件应采用分几次走刀加工到最后尺寸或对称去除余量法安排走刀路线。安排工步时,应先安排对工件刚性破坏较小的工步。

此外,轮廓加工中应避免进给停顿。因为加工过程中的切削力会使工艺系统产生弹性变形并处于相对平衡的状态,进给停顿时,切削力突然减小,会改变系统的平衡状态,刀具会在进给停顿处的零件轮廓上留下刻痕。为提高工件表面的精度和减小粗糙度,可以采用多次走刀的方法,精加工余量一般以 0.2～0.5 为宜,而且精铣时宜采用顺铣,以减小零件被加工表面粗糙度的值。

任务三　数控铣削刀具、夹具及切削用量的选择

一、任务目标

（1）了解数控铣削工、量、夹具。
（2）数控铣削切削用量的选择。

二、设备

数控铣床若干。

三、相关知识

（一）数控铣刀的选择

被加工零件的几何形状是选择刀具类型的主要依据。铣刀的类型很多，这里只介绍在数控机床上常用的铣刀。

1. 面铣刀

面铣刀主要用于加工较大的平面，标准可转位面铣刀的直径为 16～630 mm。粗铣时，铣刀的直径要小些，因为粗铣切削力大，选小直径铣刀可减小切削扭矩。精铣时，铣刀直径要大些，尽量包容工件整个加工宽度，以提高加工精度和效率，并减小相邻两次进给之间的接刀痕迹。

2. 立铣刀

立铣刀是数控加工中用得最多的一种铣刀，主要用于加工凹槽、较小的台阶面以及平面轮廓。

3. 模具铣刀

模具铣刀主要用于加工空间曲面、模具型腔或凸模成型表面。

4. 键槽铣刀

键槽铣刀主要用于加工封闭的键槽。

5. 鼓形铣刀

鼓形铣刀主要用于加工变斜角类零件的变斜角加工面。

6. 成型铣刀

成型铣刀一般是为了特定的工件或加工内容专门设计制造的，如各种直形或圆形的凹槽、斜角面、特性孔或台。

（二）夹具

数控机床主要用于加工形状复杂的零件，但所使用夹具的结构往往并不复杂，数控铣床夹具的选用可首先根据生产零件的批量来确定。对单件、小批量、工作量较大的模具加工来说，一般可直接在机床工作台面上通过调整实现定位与夹紧，然后通过加工坐标系的设定来确定零件的位置。

　　对有一定批量的零件来说,可选用结构较简单的夹具。例如,加工如图 1-19 所示的凸轮零件的凸轮曲面时,可采用图 1-20 中所示的凸轮夹具。其中,两个定位销与定位块组成一面两销的六点定位,压板与夹紧螺母实现夹紧。

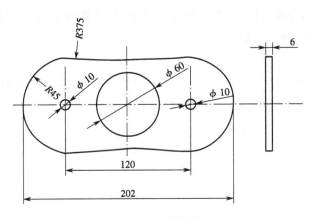

图 1-19　凸轮零件

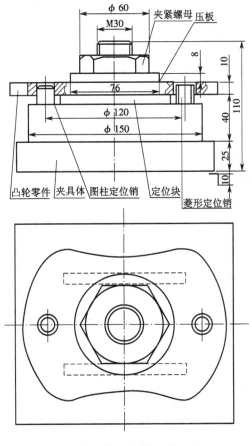

图 1-20　凸轮夹具

(三)切削用量的选择

切削用量包括主轴转速、背吃刀量及进给速度等。对于不同的加工方法,需要选用不同的切削用量。切削用量的选择应保证零件加工精度和表面粗糙度,充分发挥刀具切削性能,保证合理的刀具耐用度,并充分发挥机床的性能,最大限度提高生产率,降低成本。粗、精加工时切削用量的选择原则如下。

1. 粗加工时切削用量的选择原则

首先选取尽可能大的背吃刀量;其次要根据机床动力和刚性的限制条件等,选取尽可能大的进给量;最后根据刀具耐用度确定最佳的切削速度。

2. 精加工时切削用量的选择原则

首先根据粗加工后的余量确定背吃刀量;其次根据已加工表面的粗糙度要求,选取较小的进给量;最后在保证刀具耐用度的前提下,尽可能选取较高的切削速度。

(四)背吃刀量的确定

背吃刀量应根据机床、工件和刀具的刚度来决定,在刚度允许的条件下,应尽可能使背吃刀量等于工件的加工余量,这样可以减少走刀次数,提高生产效率。粗加工($Ra=10\sim80\ \mu m$)时一次进给应尽可能切除全部余量,在中等功率机床上,背吃刀量可达 $8\sim10$ mm。半精加工($Ra=1.25\sim10\ \mu m$)时,背吃刀量可取为 $0.5\sim2$ mm。精加工($Ra=0.32\sim0.25\ \mu m$)时,背吃刀量可取为 $0.2\sim0.4$ mm。

在工艺系统刚性不足或毛坯余量很大,或余量不均匀时,粗加工要分几次进给,并且应当把第一、二次进给的背吃刀量取得大一些。

(五)进给速度的确定

进给速度是数控机床切削用量中的重要参数,主要根据零件的加工精度和表面粗糙度要求以及刀具、工件的材料性质选取。最大进给速度受机床刚度和进给系统的性能限制。

确定进给速度的原则如下。

(1)当工件的质量要求能够得到保证时,为提高生产效率,可选择较高的进给速度。一般在 $100\sim200$ mm/min。

(2)在切断、加工深孔或用高速钢刀具加工时,宜选择较低的进给速度,一般在 $20\sim50$ mm/min。

(3)当加工精度、表面粗糙度要求高时,进给速度应选小些,一般在 $20\sim50$ mm/min。

(4)刀具空行程时,特别是远距离"回零"时,可以设定该机床数控系统设定的最高进给速度。

此外,在选择进给量时,还应注意零件加工中的某些特殊因素。比如在轮廓加工中,选择进给量时,应考虑轮廓拐角处的超程问题。特别是在拐角较大、进给速度较高时,应在接近拐角处适当降低进给速度,在拐角后逐渐升速,以保证加工精度。

(六)主轴转速的确定

主轴转速应根据允许的切削速度和工件(或刀具)直径来选择。其计算公式为

$$n=1\ 000\ v/\pi D$$

式中 v——切削速度,单位为 m/min,由刀具的耐用度决定;

n——主轴转速，单位为 r/min；

D——工件直径或刀具直径，单位为 mm。

在选择切削速度时，还应考虑到以下几点：

(1)应尽量避开积屑瘤产生的区域；

(2)断续切削时，为减小冲击和热应力，要适当降低切削速度；

(3)在易发生振动的情况下，切削速度应避开自激振动的临界速度；

(4)加工大件、细长件和薄壁工件时，应选用较低的切削速度；

(5)加工带外皮的工件时，应适当降低切削速度。

项目二　数控铣床基本操作

任务一　数控铣床面板操作

一、任务目标

（1）了解数控铣床面板的组成。

（2）熟练掌握数控铣削数控系统的各项功能。

（3）手动编写程序。

二、设备

数控铣床若干。

三、相关知识

（一）Fanuc-Oi MC 数控系统简介

Fanuc Oi Mate-MC 数控系统面板由系统操作面板和机床操作面板两部分组成。

1. 系统操作面板

系统操作面板包括 CRT 显示区、MDI 控制面板，如图 2-1 所示。

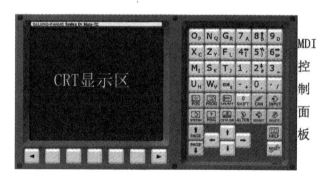

图 2-1　Fanuc-Oi MC 数控系统 CRT/MDI 面板

（1）CRT 显示区：位于整个机床面板的左上方，包括显示区和屏幕相对应的功能软键（图 2-2）。

（2）编辑操作面板（MDI 面板）：一般位于 CRT 显示区的右侧，如图 2-3 所示。

POS——位置画面。显示机床刀具坐标的位置，主要包括相对坐标、绝对坐标和机械坐标三个坐标系。

图 2-2 Fanuc Oi Mate-MC 数控系统 CRT 显示区

1—功能软键   2—扩展软键

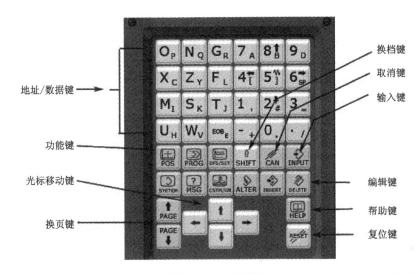

图 2-3 MDI 面板

![PROG]——程序画面。主要是进行程序的编辑、修改以及显示。

![OFS/SET]——刀具偏置。该功能键用于机床参数的设定和显示以及诊断资料的显示等,如机床时间、加工工件的计数、公制和英制、半径编程和直径编程,以及与机床运行性能有关的系统参数的设置和显示。用户一般不用改变这些参数,只有非常熟悉各个参数,才能进行参数的设置或修改,否则会发生意想不到的后果。另外还是刀具的长度补偿值、半径补偿值、工件坐标系坐标值的输入画面。

![SYSTEM]——系统信息画面。此画面主要是系统参数的一些显示信息,用户一般不用改变这些参数,只有非常熟悉各个参数,才能进行参数的设置或修改,否则会造成系统瘫痪。

信息报警画面。主要用于数控铣床中出现的警告信息的显示,每一条显示的警告信息都按错误编号进行分类,可以按该编号去查找其具体的错误原因和消除的方法。

图形显示画面。该功能主要用于程序校验时,模拟图形的显示,从而间接地检查程序,以便快速准确地修改程序中的错误和漏洞。

上档键。

输入键。

输入键(参数)。

取消键。

修改键。

删除。

帮助键。

复位键。

上翻页。

下翻页。

光标移动。

2.机床操作面板

自动运行方式(在此方式下,进行加工程序)。

编辑方式(在此方式下可进行程序的输入、删除、修改等)。

手动数据输入方式(执行 MDI 程序运行)。

在线加工(利用电脑和机床进行交互)。

返回参考点方式(每天上、下班机床必须返参考点)。

手动方式(进行机床的各个轴的移动)。

手摇脉冲方式(脉冲手轮进给运行按键)。

——单程序段（按程序段执行加工程序一般用于首件加工）。

——任选程序段跳过（程序中有程序跳跃符使用该键才有效）。

——程序选择停（M01 方式）。

——手轮示教（设定手动或手轮示教方式）。

——重启动（由于刀具破损或节假日等原因自动操作停止后，程序可从指定的程序段重新启动）。

——空运转（使用该键可快速校验程序）。

——机床锁住（程序校验时机床锁住而程序在运行）。

——手轮中断（自动运行期间可在自动移动的坐标值上叠加手轮进给的移动距离，通过手轮中断选择信号选择手轮中断轴）。

——辅助锁定（辅助功能 M、S、T 锁住，自动方式下按下次键，执行程序跳过 M、S、T 功能）。

——Z 轴锁定（自动方式下按下此键，Z 轴不移动，其余轴可以移动）。

——X 轴参考点指示（灯亮 X 轴返回参考点）。

——Y 轴参考点指示（灯亮 Y 轴返回参考点）。

——Z 轴参考点指示（灯亮 Z 轴返回参考点）。

——循环启动（程序运行加工的启动按键）。

——进给保持（运行中有问题按下此键）。

——程序停（自动操作中用 M00 程序停止操作时，该显示灯亮）。

——快速移动的速度。

——快速移动速度的 25%。

——快速移动速度的 50%。

……面移动的负方向。

——超程解除（机床超程下，此按钮可解除机床急停报警）。

——进给倍率开关（修调程序中 F 值及点动进给）。

——速度倍率开关（修调主轴转速）。

——程序锁（程序保护使用）。

——急停按钮（关闭所有的运行及操作）。

（二）控制系统的各项功能

1. 开机床，关机床

1）开机

在操作机床之前必须检查机床是否正常，并使机床通电，开机顺序如下：

（1）打开机床总电源；

（2）打开机床稳压器电源；

（3）打开机床电源；

（4）打开数控系统电源（按控制面板上的 POWER ON 按钮）；

（5）把系统急停键旋起。

注意：数控系统的启动时间比较慢，要等一会儿，所以不要着急；另一方面，在数控系统启动的过程中，不要去按面板上的按键，因为有些按键是用来维修所使用的，或者有其他的用途，一旦按下有可能造成系统不能启动。

2）关机

先把机床的 X、Y、Z 轴移动到一个比较合理的位置以后，按下急停按钮，而后关上数控

系统的电源,再关上机床的总的电源。关闭机床顺序步骤如下:

(1)按下数控系统控制面板的急停按钮;

(2)按下 POWER OFF 按钮关闭系统电源;

(3)关闭机床电源;

(4)关闭稳压器电源;

(5)关闭总电源。

注意:在关闭机床前,尽量将 X、Y、Z 轴移动到机床的大致中间位置,以保持机床的重心中偏。同时也为便下次开机后返回参考点时,防止机床移动速度过大而超程,也保证机床的导轨能够有一个合理的正确受力(承重)位置;先按急停按钮是对数控系统的一个保护。

3)开、关机的对照示意图

开机床:机床总的电源→数控系统电源→急停按钮

关机床:急停按钮→数控系统电源→机床总的电源

2.机床手动返回参考点

CNC 机床上有一个确定的机床位置的基准点,这个点叫做参考点。通常机床开机以后,要做的第一件事情就是使机床返回到参考点位置。如果没有执行返回参考点就操作机床,机床的运动将不可预料。行程检查功能在执行返回参考点之前不能执行。机床的误动作有可能造成刀具、机床本身和工件的损坏,甚至伤害到操作者。所以机床接通电源后必须正确地使机床返回参考点。机床返回参考点有手动返回参考点和自动返回参考点两种方式。一般情况下都是手动返回参考点。

手动返回参考点就是用操作面板上的开关或者按钮将刀具移动到参考点位置。具体操作如下:

(1)先将机床工作模式旋转到 ▨ 方式;

(2)按机床控制面板上的+Z 轴,使 Z 轴回到参考点(指示灯亮)。

(3)再按+X 轴和+Y 轴,两轴可以同时进行返回参考点。

自动返回参考点就是用程序指令将刀具移动到参考点。

例如执行程序:G91 G28 Z0;(Z 轴返回参考点)X0 Y0;(X、Y 轴返回参考点)。

注意:为了安全起见,一般情况下机床回参考点时,必须先使 Z 轴回到机床参考点后才可以使 X、Y 返回参考点。X、Y、Z 三个坐标轴的参考点指示灯亮起时(图 2-4),说明三条轴分别回到了机床参考点。

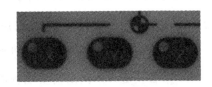

图 2-4　参考点指示灯

入时间在 ⬚（编辑状态）和 ⬚ PROG（程序按钮）下，才能够进行程序的输入、编辑等操作。

1. 程序号的输入

比如说输入程序号为 O1111，输入后按下 ⬚ INSERT（插入键）即可，程序号被输入，然后再按下 ⬚ EOB E（分号），再按下 ⬚ INSERT（插入键），一个完整的程序号输入完毕。

注意：程序号和 ⬚ EOB E（分号）不能一同输入，那样数控系统将会出现报警情况，所以程序号和 ⬚ EOB E（分号）要分别输入。

2. 程序的输入、修改、替换、删除

（1）输入：比如说输入程序段，可以一个一个的指令输入 G90 按下 ⬚ INSERT（插入键），G54 按下 ⬚ INSERT（插入键），剩下的指令依次类推，也可以一起输入，就是把 G90 G00 X0 Y0 S1000 M03 一起输入，然后再按下 ⬚ INSERT（插入键），就可以一起输入到系统中。

注意：在程序的输入中 ⬚ EOB E（分号）可以和程序指令一起输入。还可以进行多个程序段的一起输入（输入的指令的多少根据所使用的数控系统而定）。

（2）修改：比如说输入程序段 G90 G00 X0 Y0 S1000 M03 ;，当输入到 G90 G00 X0 时，后面该输入 Y0 时，不小心输入了个 M 或其他的，而不是 Y，这时就应该按下 ⬚ CAN（取消键），即可以把刚才输入错误的取消掉，然后继续输入。

注意：当整个程序段都已经输入完毕以后，再想修改其中的指令或者地址，再使用 ⬚ CAN（取消键），就会把你所修改的地方前面的指令和地址将都全部取消，所以就应该把此程序段，输入到数控系统中后再利用其他方法修改。

（3）替换（代替）：当发现程序段中出现了需要修改的地址或指令等，就要使用到 ⬚ ALERT（替换键）。比如说输入程序段 G90 G00 X0 Y0 S1000 M03 ;，所要求的转速为 800 r/min，但是程序中输入的转速是 1000 r/min，这时把光标移动到你所需要修改的地方（也可以说成选中），然后，输入 S800 按下 ⬚ ALERT（替换键）即可，所需要的程序段就变为 G90 G00 X0 Y0 S800 M03 。

（4）删除：比如说输入程序段时，多输入了一个 M05，这时就应该把它删除掉，把光标移

动到你所需要删除的地方，然后按下 **DELETE**（删除键）即可。此时程序段被修改为 G90 G00

X0 Y0 S1000 M03。**DELETE**（删除键）也可以对整个程序段进行删除，把光标移动到所要删除

的程序段上，输入 **EOB E**（分号）然后再按下 **DELETE**（删除键）就可以把所选中的程序段删除掉。

3．介绍 **INPUT**（插入键）和 **SHIFT**（上档键）

INPUT（插入键）的使用不用于程序的输入中，它是在除程序以外的数据的输入中使用，

比如刀具的长度补偿、半径补偿、参数的修改等等。

SHIFT（上档键）的使用，例如要输入 R，就要先按下 **SHIFT**，再按下 **G R** 就可以输入 R 这

个字母了。

4．**WWW**手动快速、**⊙**手轮操纵机床

手动模式操作有手动连续进给和手动快速进给两种。

在手动连续（JOG）方式中，按住操作面板上的进给轴（＋X、＋Y、＋Z 或者－X、－Y、

－Z），会使刀具沿着所选轴的所选方向连续移动。JOG 进给速度可以通过进给速率按钮进

行调整（图 2-5）。

在快速移动（RIPID）模式中，按住操作面板上的进给轴及方向，会使刀具以快速移动的

速度移动。RIPID 移动速度通过快速速率按钮进行调整。（图 2-6）手动连续进给（JOG）操

作的步骤如下。

图 2-5 JOG 进给速率按钮

图 2-6 RIPID 快速进给速率

（1）按下方式选择开关的手动连续（JOG）选择开关。

（2）通过进给轴（＋X、＋Y、＋Z 或者－X、－Y、－Z），选择将要使刀具沿其移动的轴和

方向。按下相应的按钮时，刀具以参数指定的速度移动。释放按钮，移动停止。

快速移动进给（RIPID）的操作与 JOG 方式相同，只是移动的速度不一样，其移动的速

度跟程序指令 G00 的一样。

注：手动进给和快速进给时，移动轴的数量可以是 X、Y、Z 中的任意一个轴，也可以是 X、Y、Z 三个轴中的任意 2 个轴一起联动，甚至是 3 个轴一起联动，这个是根据数控系统参数设置而定的。

手轮模式操作在 Fanuc Oi Mate-MC 数控系统中。手轮是一个与数控系统以数据线相连的独立个体。它由控制轴旋钮、移动量旋钮和手摇脉冲发生器组成（如图 2-7）所示。

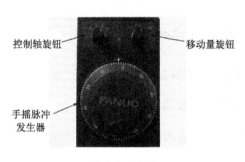

控制轴旋钮　　　　　　移动量旋钮

手摇脉冲
发生器

图 2-7　手轮

在 [图] 方式下，刀具可以通过旋转机床操作面板上的手摇脉冲发生器微量移动。手轮旋转一个刻度时，刀具移动的距离根据手轮上的设置有 3 种不同的移动距离，分别为：1 μ、10 μ、100 μ。轴向选择 X、Y、Z、A 中的一轴，手动脉冲发生器正向旋转，轴正向移动，反向旋转，轴反向移动。具体操作如下：

（1）将机床的工作模式拧到手轮（MPG）模式；

（2）在手轮中选择要移动的进给轴，并选择移动一个刻度移动轴的移动量；

（3）旋转手轮的转向，向对应的方向移动刀具，手轮转动一周时刀具的移动相当于 100 个刻度的对应值。

注：手轮进给操作时，一次只能选择一个轴的移动。手轮旋转操作时，请按每秒 5 转以下的速度旋转手轮。如果手轮旋转的速度超过了每秒 5 转，刀具有可能在手轮停止旋转后还不能停止下来或者刀具移动的距离与手轮旋转的刻度不相符。

5.程序的校验

当程序全部都输入到数控系统当中去以后，可以用一个简单的方法对其进行校验，按下 [图]（机床锁定键）和 [图]（空运行键），然后再按下（循环启动键）。

注意：在程序校验完毕以后，一定要进行重新回参考点的操作，如若不然一定会出现机床事故。

6.“机床锁定”与“辅助锁定”的区别

在机床锁定的情况下，可以执行 M，S，T 指令；而辅助锁定呢，是锁定 M，S，T 指令，但是 M00，M01，M02，M30，M98 和 M99 指令在其辅助锁定状态下，还能够运行。

7.自动操作

选中 [图] 方式，按 CNC 面板上的 [PROG]，选中某个数控加工程序 Ox（注：x 代表程序号），执行 $\boxed{\text{I}}$ ，机床开始加工，进给倍率可通过进给倍率开关调整。

注意：机床各向没设参考点，按 $\boxed{\text{I}}$ 机床不能启动，产生 224 报警。

8.手动移动坐标轴操作

选中 $\boxed{\text{∿}}$ 方式，LCD 出现"JOG"。通过手动倍率开关，分别按 $\boxed{+}$ 、$\boxed{-}$ 选 $\boxed{X}$ ，X 轴正向、负向手动移动。在建立参考点之后，选 $\boxed{+}$ 或 $\boxed{-}$ ，组合键 $\boxed{\sim}$ + $\boxed{X}$ ，正向或负向快速移动 X 轴。Y、Z 轴操作同上。

9.手摇轮的操作

在 $\boxed{\odot}$ 方式下，选中手动脉冲倍率 X1、X10、X100 中的一种，X1、X10、X100 分别代表每个脉冲走 1 μ、10 μ、100 μ。轴向选择 X、Y、Z、A 中的一轴，手动脉冲发生器正向旋转，轴正向移动，反向旋转，轴反向移动。

任务二　工件装夹

一、任务目标

(1)了解工件的定位、装夹应遵循的原则。

(2)掌握液压台虎钳找正步骤。

(3)掌握液压台虎钳的正确使用方法。

(4)掌握液压台虎钳装夹工件的注意事项。

二、设备

数控铣床若干。

三、相关工艺知识

(一)工件的定位、装夹应遵循的原则

力求设计基准、工艺基准与编程原点统一，以减少因不重合而引起的加工误差；尽可能减少装夹次数，以减少装夹误差，做到一次定位、装夹后能加工全部或大部分的内容。

(二)夹具的选择

数控加工中工件的定位、夹紧是由夹具来保证的，夹具的选择应遵循如下原则：

(1)单件小批量生产尽量选用通用或组合夹具，避免采用专用夹具；

(2)批量生产可考虑使用专用夹具，并力求结构简单；

(3)工件的装卸要快速、方便、可靠，以缩短机床的停机时间；

(4)工件的加工部位要外露。

(三)台虎钳找正步骤

台虎钳找正步骤如下:

(1)将工作台与虎钳地面擦拭干净;

(2)将虎钳放到工作台上;

(3)用百分表拉台虎钳固定钳口与机床 Y 轴(或 X 轴)平行度,用木榔头敲击调整,平行度误差为 0.01 mm 内合格;

(4)拧紧螺栓使虎钳紧固在工作台上;

(5)再用百分表校验一下平行度是否有变化。

(四)液压台虎钳的使用

在夹紧工件之前,首先应该把液压台虎钳上的锁紧螺母向里推,然后旋转 90°进行螺母的锁紧,放上加力摇把,进行手动夹紧,根据工件材料的不同,手动加紧力也有所不同,硬一些的材料夹紧力可稍微大些,反之相反,然后取下加力摇把,把锁紧螺母再旋转 90°让其松开,再放上加力摇把,进行液压的上紧,一般根据情况放在第 3 至第 4 个格的位置之间就可以了。

在卸工件的时候,先装上加力摇把,慢慢地释放液压力,等到咯噔一下有一个力的时候,卸下加力摇把,再把锁紧螺母旋转 90°让其锁紧,再装上加力摇把,给一个冲力卸下松开液压台虎钳。

(五)装夹工件步骤

(1)根据所夹工件尺寸,调整钳口夹紧范围。

(2)根据工件厚度选择合适尺寸垫铁,垫在工件下面。

(3)工件被加工部分要高出钳口,避免刀具与钳口发生干涉。

(4)圆形工件需用 V 形铁装夹。

(5)旋紧手柄后,用木榔头敲击工件上表面,使工件底面与垫铁贴合。

(六)容易出现的问题和注意事项

(1)工件安装时,要放在钳口的中部。

(2)安装虎钳时注意对它的固定钳口进行找正。

(3)工件被加工部分要高出钳口,避免刀具与钳口发生干涉。

(4)安装工件时,注意工件上浮。

任务三　刀具的安装

一、任务目标

(1)了解刀具结构。

(2)掌握刀的装夹顺序及安装注意事项。

二、设备

数控铣床若干。

三、相关知识

(一)刀具结构

数控铣床/加工中心上用的立铣刀和钻头大多采用弹簧夹套装夹方式安装在刀柄上的,刀柄由主柄部、弹簧夹套和夹紧螺母组成,如图2-9所示。

主柄部

弹簧夹套

夹紧螺母

图 2-9　刀柄的结构

(二)铣刀的装夹

铣刀安装顺序如下:

(1)把弹簧夹套装置在夹紧螺母里;

(2)将刀具放进弹簧夹套里边;

(3)将前面做的刀具整体放到与主刀柄配合的位置上并用扳手将夹紧螺母拧紧使刀具夹紧;

(4)将刀柄安装到机床的主轴上。

任务四　对刀

一、任务目标

(1)了解对刀的基本的对刀形式。

(2)掌握对刀的方法。

(3)掌握对刀的注意事项。

二、设备

数控铣床若干。

三、相关工艺知识

(一)对刀的形式

在我们日常的加工过程当中,习惯用三种不同的形式对不同的零件进行找正,三种形式分别是寻边器对刀、百分表对刀和试切对刀。

(二)工件坐标系(亦称编程坐标系)

工件坐标系是由编程人员在编制程序时用来确定刀具和程序的起点,工件坐标系的原点可由编程人员根据具体情况确定,但坐标轴的方向应与机床坐标系一致,并且与之有确定的尺寸关系。机床坐标系与工件坐标系的关系如图 2-10 所示。不同的工件建立的坐标系也可有所不同,有的数控系统允许一个工件可建立多个工件坐标系,或者在一个工件坐标系下再建立一个坐标系称为局部坐标系。局部坐标系原点的坐标值应是相对工件坐标系,而不是相对于机床坐标系。通过建立多个坐标系或局部坐标系可大大简化零件的编程工作。

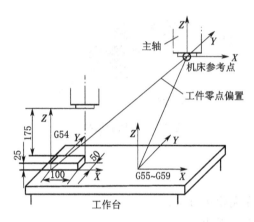

图 2-10　工件坐标系与机床坐标

(三)确定编程原点

数控编程前用户需要根据工件结构和加工要求确定编程原点和坐标系。一般编程原点多选择为工件或夹具上的某一点,编程原点通过对刀输入数控系统。

确定编程原点应考虑以下因素。

编程原点应尽可能与图样上的尺寸基准重合。工件设计时有设计基准,加工时有工艺基准,编程原点应尽可能与上述基准重合。

尽可能使数值计算简单,尽量避免尺寸链换算。

原点应设在精度要求较高的表面。

容易找正、便于测量。

通常编程原点 X0、Y0 多设置在工件上的一个角点或对称中心上,Z0 则多设置在工件上表面。

(四)手动装刀、卸刀

(1)手动状态下装上刀具的操作步骤如下。

将方式选择开关置于手动状态(JOG 或 HANDLE 状态),主轴必须停止转动,按下主轴上的刀具放松按钮,刀具即可装上(装刀时,应把主轴上的固定键对准刀柄上的槽,防止刀具没有安装到位)。

(2)手动状态下卸下主轴上刀具的操作步骤如下。

将方式选择开关置于手动状态(JOG 或 HANDLE 状态),主轴必须停止转动,按下主轴上的刀具放松按钮,刀具即可卸下(卸下刀具时,应先托好刀具,防止刀具掉下碰伤工作台)。

（3）换刀注意事项。

气源压力不低于 6 k/cm 寻边器对刀。

寻边器的分类：常用有机械式（图 2-11）和光电式（图 2-12）两种，如下图所示。

图 2-11　机械式寻边器　　　　　　　　图 2-12　光电式寻边器

寻边器的适用范围：适用范围比较广泛，如方形料、圆形料等。

寻边器的找正精度：一般的寻边器的找正精度为 0.002 mm、找正精度比较高，适用于精加工、半精加工。

（4）找正步骤。

用偏心式找正器确定工件原点的步骤如下。

将找正器安装到主轴上。

在 MDI 模式下输入：S500M03；按程序启动按钮，让主轴旋转。

进入手动模式，把屏幕切换到相对坐标系显示状态。

先找 X 轴一边，找好后相对坐标系 X 数值清零。再找另一边计下"数值/2"将 X 轴移到中点，再将 X 清零。

用同样的方法找 Y 轴中点。

屏幕切换到机械坐标系显示状态，此时机械坐标系 X、Y 显示数值即为工作坐标系原点位置。

（5）工作坐标系的数值输入。

将刚找到的工件坐标系原点所处的机械坐标系 X、Y 数值记录下来。

按 OFFSET 键切换到 WORK 工作坐标系页面。

将记录的机械坐标系 X、Y 数值添入 G54X、Y 处，即工作坐标系确定完毕。

G54 坐标系效验：

将刀具提高工件上表面 200 mm 以上。

在 MDI 模式下输入：G90G54G00X0Y0；执行后效验 G54 位置。

（6）找正时注意事项。

①不要用手故意地拉或拽、扭，会使寻边器内的弹簧失去弹力而精度不准或使其损坏。

②寻边器的工作速度一般控制在 500 转左右，转速太高会造成寻边器的损坏。

③在使用时，同样要注意方向，并且时时地调整手轮上的倍率。

（五）试切对刀

试切对刀找正一般精度比较低，所以适用于毛坯料的加工或是精度要求不高的零件。

1)对刀步骤

将铣刀装夹在主轴上,按 X、Y 轴移动方向键,令铣刀移到工件左(或右)侧空位的上方。再让铣刀下行,最后调整移动 X 轴,使刀具圆周刃口接触工件的左(或右)侧面,记下此时刀具在机床坐标系中的 X 坐标 X_a,然后抬起刀具,再把刀具移动到工件的另一侧,调整移动 X 轴,使刀具圆周刃口接触工件的这个侧面,记下此时刀具在机床坐标系中的 X 坐标 X_b,抬起主轴。用同样的方法找正 Y 轴,也同样可记下 Y 坐标 Y_a 和 Y_b,最后 X 轴和 Y 轴的零点为 $X=(X_a+X_b)/2$,$Y=(Y_a+Y_b)/2$。把计算出来的 X 轴和 Y 轴的坐标值输入到 $G54$ 当中,则 X 轴和 Y 轴对刀完成。

2. G54 坐标系效验

将刀具提高工件上表面 200 mm 以上;

在 MDI 模式下输入:G90G54G00X0Y0;

执行后效验 G54 位置。

(六)数控铣 G54 Z 轴原点的确定步骤

(1)将刀具调入主轴。进入手动模式用量块测量,把屏幕切换到机床坐标显示状态。

(2)用 100 mm 量块测量工件上表面与刀尖之间的距离,使刀刃和量块微微接触(注意量块的插入与 Z 轴的移动两者要分步进行,否则量块在工件与刀具之间时移动 Z 轴刀具易被撞坏)。

(3)测得机床坐标系 Z 轴的值后,在 G54 坐标系中 Z 轴输入数值公式为

G54Z=机械 Z-量块 Z-当前刀具长度 H

(七)注意事项

用此方法确定 G54 Z 轴时,程序中调刀后一定要有长度补偿语句:G43Z100.0H _ ;否则刀具会扎入工件,出现撞刀事故。

任务五　　数控铣床手动操作与试切削

一、任务目标

(1)掌握回参考点操作。

(2)会装夹工件、装拆数控刀具。

(3)掌握数控铣床手动(JOG)操作。

二、设备

FANUC(法那克)Oi-MC 系统数控铣床若干、数控刀柄、平口钳等装夹设备。

三、相关知识

(一)铣刀的安装顺序

(1)把弹簧夹套装置在夹紧螺母里。

（2）将刀具放进弹簧夹套里边。

（3）将前面做的刀具整体放到与主刀柄配合的位置上，并用扳手将夹紧螺母拧紧使刀具夹紧。

（4）将刀柄安装到机床的主轴上。

(二)数控铣床的手动操作

（1）开机。

（2）机床手动返回参考点。

（3）关机。

（4）手动模式操作。手动模式操作有手动连续进给和手动快速进给两种。

（5）手轮模式操作。

四、思考与练习

（1）数控铣床在什么情况下需回参考点？

（2）数控铣床机床原点一般处于什么位置？

项目三 数控铣床基本编程

任务一 数控铣床编程基础知识

一、任务目标

(1)了解数控编程的方法。

(2)掌握数控铣床的机床坐标系,会建立合理的工件坐标系。

(3)熟悉数控编程的格式及内容。

(4)掌握(FANUC 0i 系统)的指令代码。

二、设备

数控铣床若干。

三、相关知识

(一)数控编程

1.数控编程的概念

从零件图纸到编制零件加工程序和制作控制的全部过程称为数控程序编制。

2.数控编程的方法

(1)手工编程。

(2)自动编程。

(二)数控铣床坐标系

1.标准坐标系

标准坐标系是一个右手笛卡尔直角坐标系。

在图 3-1 中,大拇指的方向为 X 轴的正方向,食指的方向为 Y 轴的正方向,中指的方向为 Z 轴的正方向。

2.机床坐标系和机床原点

机床坐标系是机床上固有的坐标系。机床坐标系的原点也称为机床原点或机床零点,在机床经过设计制造和调整后这个原点便被确定下来,它是固定的点。

3.工件坐标系

工件坐标系是编程人员在编程时使用的。编程人员选择工件上的某一已知点为原点称为编程原点或工件原点。工件坐标系一旦建立便一直有效,直到被新的工件坐标系所取代。

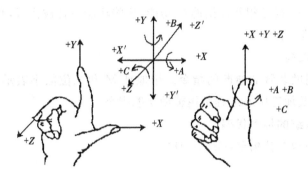

图 3-1　右手笛卡尔坐标系

(三)数控编程格式及内容

一个完整的数控程序是由程序号、程序内容和程序结束三部分组成的,具体内容如下。

%

O0029;·······························程序号

N10 G15 G17 G21 G40 G49 G80;

N20 G91 G28 Z0;

N30 T1 M6;　　　　　　　　　　　　　　　程序内容

N40 G90 G54 S500 M03;　　　　　　　　　　程序结束

　⋮

N100 M30;···························

(四)典型数控系统的指令代码(FANUC 0i 系统)

1.F、S 功能

(1)F 功能。

F 是控制刀具位移速度的进给速率指令,为续效指令,如图 8-12 所示。但快速定位 G00 的速度不受其控制。在铣削加工中,F 的单位一般为 mm/min(每分钟进给量)。

(2)S 功能。

S 功能用以指定主轴转速,单位是 r/min。S 是模态指令。S 功能只有在主轴速度可调节时才有效。

2.T 功能

T 是刀具功能字,后跟两位数字指示更换刀具的编号。在加工中心上执行 T 指令,则刀库转动来选择所需的刀具,然后等待直到 M06 指令作用时自动完成换刀。

T 指令同时可调入刀补寄存器中的刀补值(刀补长度和刀补半径)。虽然 T 指令为非模态指令,但被调用的刀补值会一直有效,直到再次换刀调入新的刀补值。

如 T0101,前一个 01 指的是选用 01 号刀,第二个 01 指的是调入 01 号刀补值。当刀补号为 00 时,实际上是取消刀补。如 T0100,则是用 01 号刀,且取消刀补。

(五)数控系统的准备功能和辅助功能

1.准备功能(G 功能)

(1)非模态 G 功能:只在所规定的程序段中有效,程序段结束时被注销。

(2)模态 G 功能:一组可相互注销的 G 功能,这些功能一旦被执行,则一直有效,直到被同一组的 G 功能注销为止。

2.辅助功能 M 代码

控制机床及其辅助装置的通断的指令。用地址 M 和二位数字表示,从 M00～M99 共有 100 种,数控铣削及加工中心编程常用辅助功能指令。

(六)典型数控系统的指令代码

1.绝对值编程和增量值编程(G90,G91)

(1)指令格式。

G90 X　Y　Z　;

G91 X　Y　Z　;

(2)说明。

①G90:绝对坐标编程(G90 为开机默认指令,编程时可省略)。

G91:增量坐标编程。

②X、Y、Z:表示坐标值。在 G90 中表示编程终点的坐标值;在 G91 中表示编程移动的距离。

2.平面选择指令

当机床坐标系及工件坐标系确定后,对应地就确定了三个坐标平面,即 XY 平面、ZX 平面和 YZ 平面,可分别用 G 代码 G17、G18 、G19 表示这三个平面。

G17—XY 平面,

G18—ZX 平面,

G17—YZ 平面。

3.工件坐标系

工作坐标系选择 G54～G59。

4.回参考点控制指令

(1)自动返回参考点 G28。

格式:G28 X ＿ Y ＿ Z ＿

(2)自动从参考点返回 G29。

格式:G29 X ＿ Y ＿ Z ＿

四、思考与练习

(1)在 G90、G91 方式下,坐标地址字的值如何确定?

(2)F0.2、S800、T0101 的含义分别是什么?

(3)G28 指令设定中间点的是什么?

任务二　刀具半径补偿(G41、G42、G40)

一、任务目标

(1)了解刀具半径补偿的概念。

(2)掌握刀具半径补偿判别、指令格式和应用方法。

(3)熟练掌握刀具半径补偿的程序编制。

(4)掌握刀具半径补偿功能编制铣削轮廓的程序。

二、设备

数据铣床若干。

三、相关知识

(一)建立刀具半径补偿的原因

在加工轮廓(包括外轮廓、内轮廓)时,由刀具的刃口产生切削,而在编制程序时,是以刀具中心来编制的,即编程轨迹是刀具中心的运行轨迹,这样,加工出来的实际轨迹与编程轨迹偏差刀具半径,这是在进行实际加工时所不允许的。为了解决这个矛盾,可以建立刀具半径补偿,使刀具在加工工件时,能够自动偏移编程轨迹刀具半径,即刀具中心的运行轨迹偏移编程轨迹刀具半径,形成正确加工。

(二)刀具半径补偿定义

在编制轮廓切削加工程序的场合,一般以工件的轮廓尺寸作为刀具轨迹进行编程,而实际的刀具运动轨迹与工件轮廓有一偏移量(即刀具半径),数控系统的这种编程功能称为刀具半径补偿功能。

(三)刀具半径补偿指令

1.格式

G41 G00/G01 X_Y_F_D_　(刀具半径左补偿)

G42 G00/G01 X_Y_F_D_　(刀具半径右补偿)

G40(取消刀具半径补偿)

其中 D 用于存放刀具半径补偿值的存储器号。

2.判别左右刀补的方法

沿着刀具的前进方向,看刀具与工件的位置关系,如果刀具在工件的左侧,为左刀补,用指令 G41 表示,反之,用指令 G42 表示,如图 3-2 所示。

3.刀具半径补偿的工作过程

刀具半径补偿执行的过程可分为以下三步:

(1)刀具补偿的建立;

(2)刀具补偿的进行;

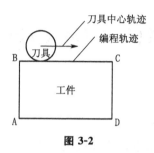

图 3-2

(3)刀具补偿的撤销。

刀补进行时,若要进行 G41、G42 转换时,必须先取消然后再建立刀具补偿。

(四)内、外轮廓加工的走刀路线

若刀具只能沿内轮廓曲线的法向切入切出时,此时刀具的切入切出点应尽量选在内轮廓曲线两几何元素的交点处。

(五)刀具半径补偿的应用

(1)避免计算刀具中心轨迹,直接用零件轮廓尺寸编程。

(2)刀具因磨损、重磨、换新刀而引起的刀具半径改变后,不修改程序。

(3)用同一程序、同一尺寸的刀具,利用刀具补偿值,可进行粗精加工。

(4)利用刀具补偿值,控制工件轮廓尺寸精度。

四、思考与练习

试用刀具半径补偿指令编写平面凸轮零件(如下图)的加工程序(刀具下刀深度5 mm)。

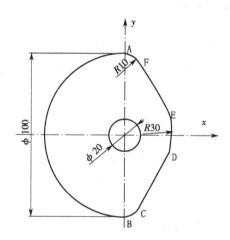

任务三　刀具长度补偿(G43、G44、G49)

一、任务目标

(1)了解刀具长度补偿的概念。

(2)掌握刀具长度补偿在编程中的实际应用。

二、设备

数控铣床若干。

三、相关知识

(一)刀具长度补偿

刀具长度补偿是用来补偿假定的刀具长度与实际的刀具长度之间的差值,系统规定除 Z 轴之外,其他轴也可以使用刀具长度补偿,但同时规定长度补偿只能同时加在一个轴上,要对补偿轴进行切换,必须先取消对前面轴的补偿。

(二)指令格式

G43 H ___ ;(刀具长度补偿"+")

G44 H ___ ;(刀具长度补偿"-")

G49 或 H00:(取消刀具长度补偿)

其中 H 指令偏置量存储器的偏置号。执行程序前,需在与地址 H 所对应的偏置量存储器中存入相应的偏置值。

(三)指令说明

(1)G43、G44 为模态指令,可以在程序中保持连续有效。G43、G44 的撤销可以使用 G49 指令或选择 H00(刀具偏置值 H00 规定为 0)。

(2)在实际编程中,为避免产生混淆,通常采用 G43 而非 G44 的指令格式进行刀具长度补偿的编程。

(四)刀具长度补偿的作用

(1)用于刀具轴向的补偿。

(2)使刀具在轴向的实际位移量比程序给定值增加或减少一个偏置量。

(3)刀具长度尺寸变化时,可以在不改动程序的情况下,通过改变偏移量达到加工尺寸。

(4)利用该功能,还可在加工深度方向上进行分层铣削,即通过改变刀具长度补偿值的大小,通过多次运行程序而实现。

四、思考与练习

采用 G44 刀具长度补偿时,刀具的实际移动量如何计算?

任务四　子程序编程

一、任务目标

掌握子程序结构与应用。

二、设备

数控铣床若干。

三、相关知识

(一)指令格式

M98:P(程序号)L(循环次数)调用子程序。

M99:返回主程序

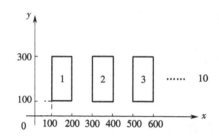

O0001；

(MAIN—PRO)

G90 G54 G00 S300 M03；

Z100.0 M08；

M98 P10 L10；

G90 G54 X0 Y0；

M05；

M09；

M30；

(SUB—PRO)

G91 Z－95.0；

G41 X100.0 Y50.0 D01；

G01 Z15.0 F10；

Y50.0 F50；

(X0)Y200.0；

X100.0(Y0)；

Y－200.0；

X－100.0；

X－50.0；

GOO Z110.0；

G40 X－50.0 Y－100.0；

X200.0；

M99；

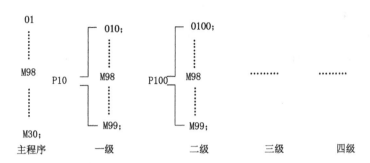

主程序　　一级　　　　二级　　　三级　　四级

(二)子程序嵌套

支持四级嵌套子程序编程，Z 方向加工予以 $L=10$ 次循环加工。

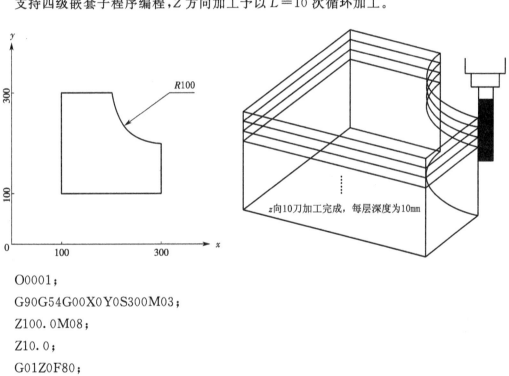

O0001；
G90G54G00X0Y0S300M03；
Z100.0M08；
Z10.0；
G01Z0F80；
M98P1000L10；
G90G54G01Z100.0F200；
X0Y0M09；
M05；
M30；
O1000；
G91G01Z—10.0F60；
G41X100.0Y50.0D01；
Y250.0F100.0；
X100.0；

G03X100. 0Y－100. 0R100. 0；

G01Y－100. 0；

X－250. 0；

G40X－50. 0Y－100. 0；

M99；

项目四 平面图形加工

任务一 直线图形加工

一、任务目标

(1)掌握 G00、G01、M 指令及编程应用。

(2)会编制完整数控加工程序。

(3)了解对刀的方法。

(4)会制定简单的加工方案。

二、设备

数控铣床若干,相关刀具、量具和毛坯料。

三、相关知识

(一)快速点定位 G00 指令

1.指令格式

G00 X __ Y __ Z __

其中:X __ Y __ Z __ 为刀具终点坐标。G90 方式下,为刀具终点的绝对坐标;G91 方式下,为刀具终点相对于刀具起始点的增量坐标。

2.指令说明

(1)刀具以各轴内定的速度由始点(当前点)快速移动到目标点。

(2)刀具运动轨迹与各轴快速移动速度有关。

(3)刀具在起始点开始加速至预定的速度,到达目标点前减速定位。

(二)直线插补 G01 指令

1.指令格式

G01 X __ Y __ Z __ F __

其中:X __ Y __ Z __ 为刀具终点坐标。G90 方式下,为刀具终点的绝对坐标;G91 方式下,为刀具终点相对于刀具起始点的增量坐标。F __为刀具切削的进给速度。

2.指令说明

(1)G01 指令命令刀具在两坐标或三坐标间以插补联动的方式按指定的进给速度做任意斜率的直线运动。

(2)执行 G01 指令的刀具轨迹是直线型轨迹,它是连接起点和终点一条直线。

(3)在 G01 程序段中必须含有 F 指令。如果在 G01 程序段中没有 F 指令,而在 G01 程序段前也没有指定 F 指令,则机床不运动,有的系统还会出现系统报警。

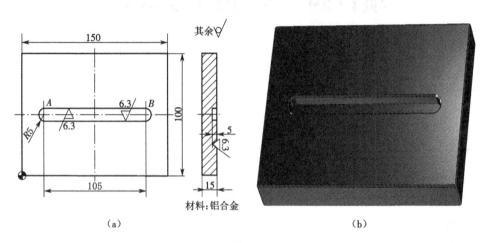

图 4-1

(a)零件图　(b)立体图

O2010;

N10 G90 G94 G21 G40 G17 G54;

N20 G91 G28 Z0;

N30 M03 S800;

N40 G90 G00 X22.5 Y50.0;

N50 Z20.0;

N60 G01 Z－5. F50;

N70 X127.5 Y50. F80;

N80 G00 Z150. M09;

N90 M05 X150. Y150.;

N100 M30;

(三)常用 M 代码功能

M00:程序停止。

M01:条件程序停止。

M02:程序结束。

M03:主轴正转。

M04:主轴反转。

M05:主轴停止。

M06:刀具交换。

M08:冷却开。

M09:冷却关。

M30：程序结束并返回程序头。

M98：调用子程序。

M99：子程序结束返回/重复执行。

四、项目训练

(1)G00、G01 指令格式如何？使用时二者有何区别？

(2)试编写下图 4-2 的加工程序。

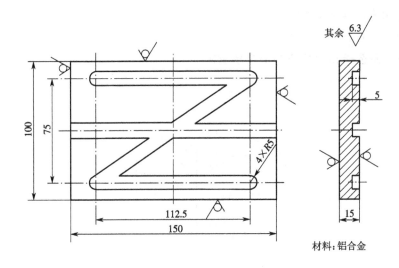

材料：铝合金

任务二　圆弧图形加工

一、任务目标

(1)了解 G17、G18、G19 平面选择指令含义。

(2)掌握 G02、G03 圆弧插补指令及应用——刀具半径补偿与工件外轮廓加工。

(3)掌握圆弧加工方法。

二、设备

(1)数控铣床若干。

(2)工具和刀具：寻边器、机用虎钳、Φ6 立铣刀、平行垫铁、塑胶榔头等。

(3)量具：千分尺、游标卡尺。

(4)毛坯：120×80×14 铝合金。

三、相关知识

(一)编程指令

1.平面选择指令

G17、G18、G19 平面选择指令分别用来指定程序段中刀具的插补平面和刀具半径补偿平面。

G17 指令用来选择 XY 平面。

G18 指令用来选择 ZX 平面。

G19 指令用来选择 YZ 平面。

图 4-2 为平面选择和圆弧插补指令示意图。

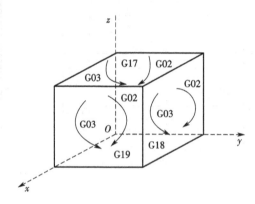

图 4-3　平面选择和圆弧插补指令示意图

2.刀具半径补偿指令

(1) G41 左刀具半径补偿指令、G42 右刀具半径补偿指令、G40 取消刀具半径补偿指令。

(2)指令格式。

$$\left.\begin{array}{l} G41 \\ G42 \\ G43 \end{array}\right\} Dxx \left.\begin{array}{l} G01 \\ G00 \end{array}\right\} X\_Y\_(F\_) ;$$

(3)应用。

直接用轮廓编程;刀具磨损、更换时程序不变;同一个程序同一把刀具,利用刀具补偿进行粗精加工及控制精度。

(4)提示。

①在刀具运动的语句中建立或取消刀具半径补偿,运动的距离应大于刀具的半径;补偿号 Dxx 表示存储在数控系统中的刀具半径值。

②一般在工件毛坯外建立、取消刀具半径补偿,内轮廓建立或取消刀具半径补偿只能用 G01,注意避免过切。

③半径补偿指令后面,必须有 XY 平面内移动指令,以供数控系统预读(一般预读三句)

并判断补偿方向。

④最后一次粗加工半径补偿值＝刀具半径＋精加工余量。

⑤精加工半径补偿量＝刀具半径＋微调值。

3.圆弧插补指令

(1)G02——刀具顺时针圆弧插补指令。

G03——刀具逆时针圆弧插补指令。

(2)格式。

格式一:半径 R 编程法。

G02 X(U)__ Y(V)__ Z(W)__ R __ F __;

G03 X(U)__ Y(V)__ Z(W)__ R __ F __?

格式二:圆心编程法。

G02 X(U)__ Y(V)__ Z(W)__ I __J __ K __ F __;

G03 X(U)__ Y(V)__ Z(W)__ I __J __ K __ F __?

(3)应用。

G02 /G03 命令刀具在指定平面内按给定进给量从当前点向终点做圆弧运动。

(4)提示。

①切削半径小于刀具补偿半径内的内圆弧时,将出现轮廓补偿错误,因而要避免大刀切小内圆弧。

②整圆必须用 I、J、K 指定圆心位置,圆心位置是关于圆弧起始点的相对坐标。

(二)工艺分析

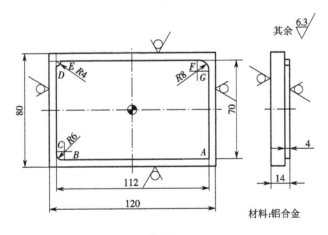

图 4-3

加工工艺:

(1)选择刀具;

(2)参考程序。

O2020;

N010　G90 G54 G21 G40 G17 G54;

N020   G91G28 Z0；

N030   M03 S800；

N040   G90 G00 X70．Y－35.0；

N050   Z20.0；

N060   G01 Z－4．F80 M08；

N070   G41 G01 X60.0 D01；

N080   G01 X－50.0；

．．．．．．．．．．．．．．．．．．．．．．．．．．．．．．．．．．．．

N140   G01 Y－35.；

N150   G40G01X70.；

N160   G00Z20.；

N170   M30；

四、项目训练

(1)分析圆弧插补指令终点坐标＋半径与终点坐标＋圆心坐标,这两种指令格式有何区别?

(2)指出立式铣床圆弧插补所在平面。

项目五　轮廓加工

任务一　平面外轮廓加工

一、任务目标

(1)掌握圆弧过渡、直线过渡指令及编程。

(2)掌握刀具半径补偿指令及使用。

(3)掌握平面外轮廓切向切入、切出方式。

(4)掌握平面外轮廓加工工艺的制定方法。

(5)掌握进给速度单位设定指令(G94、G95)。

(6)掌握平面外轮廓加工方法及尺寸控制。

二、设备

数控铣床若干,所需的工、量具。

三、任务内容和要求

(一)任务内容

零件形状和尺寸如图5-1所示。

(二)要求

合理确定加工工艺,编写加工程序,保证图中各项加工精度。

四、任务实施步骤

(一)加工工艺方案

加工工艺路线:

(1)切入、切出方式选择;

(2)铣削方向选择。

铣刀沿工件轮廓顺时针方向铣削时,铣刀旋转方向与工件进给方向一致为顺铣;铣刀沿工件轮廓逆时针方向铣削时,铣刀旋转方向与工件进给方向相反为逆铣。一般情况下尽可能采用顺铣,即外轮廓铣削时宜采用沿工件顺时针方向铣削。

(二)切削用量的选择

加工材料为硬铝,硬度低,切削力较小,粗铣深度除留精铣余量,一刀切完;切削速度选择较高,进给速度50~80 mm/min,具体如表5-1所示。

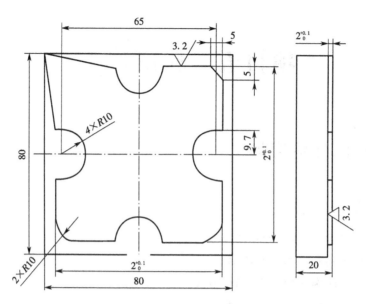

图 5-1 零件形状及尺寸

表 5-1 铣削外轮廓合理切削用量

刀具	工作内容	F(mm/min)	n(r/min)
高速钢键槽铣刀(T1)	粗铣外轮廓留精加工余量 0.3 mm	70	800
高速钢立铣刀(T2)	精铣外轮廓	60	1 000

(三)参考程序编制

主程序:法那克系统程序名"O0420"表 5-2。

表 5-2 "O0420"表

程序段号	程序内容(法那克系统)	动作说明
N5	G40 G49 G80 G90	设置初始状态
N10	G54 M3 S800 T1 M08	设置加工参数
N20	G0G43X−45Y−60Z10H1	空间快速移动至 1 点上方
N30	Z−1.7 F70	下刀
N40	M98 P0050	调用子程序,粗加工轮廓
N50	G0 Z100	抬刀
N60	M5	主轴停
N70	M0	程序停,换精铣刀具
N80	M3 S1000 T2 F60	设置精加工参数
N90	G0 X−45 Y−60	空间快速移动至 1 点上方
N100	G43 Z−2 H2	下刀

续表

程序段号	程序内容（法那克系统）	动作说明
N110	M98 P0050	调用子程序,精加工轮廓
N120	G0 Z100	抬刀
N130	M2	程序结束

子程序:法那克系统子程序名"O0050"表5-3。

表 5-3　"O0050"表

程序段号	程序内容（法那克系统）
N10	G0 G41 X−35 Y−50 D1
N20	G1 Y−9.7
N30	G3 Y9.7 R−10
N40	G1 X−40 Y40
N50	X−10 Y35
N60	G3 X10 R10
N70	G1 X35 Y35,C5
N80	Y9.7
N90	G3 Y−9.7 R−10
N100	G1 Y−35,R10
N110	X10
N120	G3 X−10 R10
N130	G1 X−25
N140	G2 X−35 Y−25 R10
N150	G1 G40 X−60 Y−25
N160	M99

六、思考与练习

(1)如何判断刀具半径补偿方向?

(2)什么是刀具半径补偿?使用刀具半径补偿指令应注意哪些问题?

(3)如何确定外轮廓切入、切出方向?

(4)试编写程序并加工如下图所示零件。

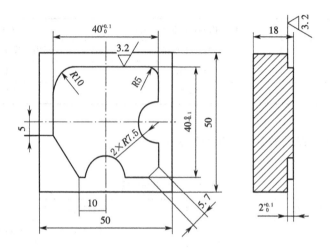

任务二　平面内轮廓加工

一、任务目标

(1)了解回参考点指令和回固定点指令。

(2)掌握平面内轮廓加工进给路线的制定方法。

(3)掌握平面内轮廓加工刀具及合理切削用量的选择。

(4)使用 AutoCAD 软件查找基点坐标。

(5)掌握平面内轮廓尺寸控制方法。

二、设备

数控铣床若干,φ10 键槽铣刀、φ10 立铣刀、工量具。

三、任务内容和要求

(一)任务内容

完成图 5-2 所示的编程和工艺分析。

(二)要求

学生以小组为单位,教师以项目教学方法的形式组织教学。

四、任务实施步骤

(1)编程指令。

(2)加工工艺分析。

(3)加工准备。

(4)对刀操作。

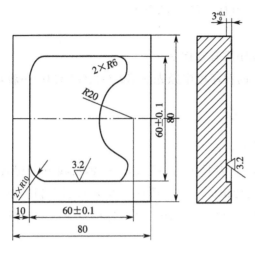

图 5-2 任务图

(5)空运行及仿真。

(6)零件自动加工及尺寸控制。

(7)零件检测与评分。

(8)加工结束,清理机床。

五、相关知识

(一)回参考点指令

1.指令功能

参考点是机床上的一个固定点,用该指令可以使刀具非常方便地移动到该位置。

2.指令格式

G28 IP _;

IP 是指定中间点位置的指令。

例:N1 G28 X40 Y0;中间点(X40,Y0)

N2 G28 Y60;中间点(X40,Y60)

3.指令使用说明

用 G28(G74)指令回参考点的各轴速度贮存在机床数据中(快速)。使用回参考点指令前,为安全起见应取消刀具半径补偿和长度补偿。法那克系统须指定中间点坐标,刀具经中间点回到参考点;返回参考点指令为程序段有效指令。

(二)返回固定点指令

1.功能

返回固定点指令指刀具自动返回到机床上某一指定的固定点,如换刀点。

2.指令格式

G29 IP _;

IP 是指从参考点返回目标点的指令。

例：N2 G28 X40 Y60；目标点（X40，Y60）

3.指令使用说明

返回固定点指令为程序段有效指令。

返回固定点指令之后的程序段中原先的 G0、G1、G2、G3……将再次生效。

（三）加工工艺方案

1.加工工艺路线

（1）切入、切出方式选择。

铣削封闭内轮廓表面时，刀具无法沿轮廓线的延长线方向切入、切出。只有沿法线方向切入、切出或圆弧切入、切出。本课题选择法线方向切入和切出，此种情况切入、切出点应选在零件轮廓两几何要素的交点上，而且进给过程中要避免停顿。

（2）铣削方向的确定。

铣刀沿内轮廓逆时针方向铣削时，铣刀旋转方向与工件进给运动方向一致为顺铣。铣刀沿内轮廓顺时针方向铣削时，铣刀旋转方向与工件进给运动方向相反为逆铣，一般尽可能采用顺铣，即在铣内轮廓时采用沿内轮廓逆时针的铣削方向为好。

2.合理切削用量的选择

加工材料为硬铝，切削力较小，铣削深度除留 0.3 mm 精加工余量，其余一刀切完；切削速度可选较高，进给速度 50～80 mm/min，垂直进给速度较小，具体见表 5-4。

表 5-4　切削用量的选择

刀具	工作内容	F(mm/min)	n(r/min)
高速钢键槽铣刀（T1）	垂直进给深度留 0.3 mm 精加工余量	50	1 000
	粗铣内轮廓轮廓留 0.3 mm 精加工余量	70	1 000
高速钢立铣刀（T2）	垂直进给	50	1 200
	精铣内轮廓	70	1 200

3.参考程序编制

这里只编写子程序的参考程序。

子程序（程序名"O0043"）（表 5-5）。

表 5-5　子程序"O0043"

程序段号	程序内容（法那克系统）
N10	G1 X−10 Y−10 F70
N20	X−17 Y−17
N30	X−1.716
N40	G2 Y17 R35
N50	G1 X−17

续表

程序段号	程序内容(法那克系统)
N60	Y—17
N70	G41 X—30 Y—20 D1
N80	G3 X—20 Y—30 R10
N90	G1 X20
N100	G3X22.308Y—18.462 R6
N110	G2 Y18.462 R20
N120	G3 X20 Y30 R6
N130	G1 X—20
N140	G3 X—30 Y20 R10
N150	G1 Y—20
N160	G40 X—10 Y10
N170	M99

任务三 轮廓综合加工

一、任务目标

(1)轮廓综合加工工艺制定方法。

(2)相同形状内、外轮廓的编程方法。

(3)掌握轮廓综合加工方法。

二、设备

数控铣床若干。

三、任务内容和要求

完成零件图如图5-3所示。

四、任务实施步骤

1.加工工艺分析

1)工、量、刃具选择

(1)工具选择。

(2)量具选择。轮廓尺寸用游标卡尺测量,深度尺寸用深度游标卡尺测量,表面质量用粗糙度样板检测,角度尺寸用万能角度尺测量,另用百分表校正平口钳及工件上表面。

(3)刃具选择。本任务有内轮廓还有外轮廓,刀具直径选择不仅考虑内轮廓最小圆弧

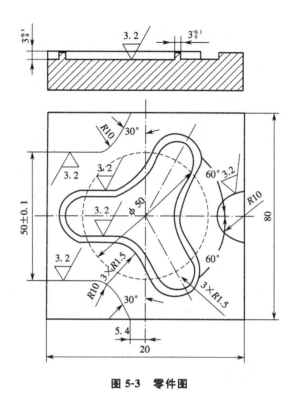

图 5-3　零件图

轮廓半径,还需考虑两轮廓最小间距,内轮廓最小圆弧半径为 $R10$;上、下凸台与中间轮廓最小间距为 15,右侧半圆台与中间轮廓最小间距为 15,故加工中间内轮廓可选用直径为 $\varphi16$ 铣刀;加工外轮廓及上、下凸台,右侧半圆台铣刀直径则不能大于 $\varphi16$,此处选 $\varphi12$ 铣刀。此处为减少刀具数量,统一用 $\varphi12$ 铣刀。粗加工用键槽铣刀铣削,精加工用能垂直下刀的立铣刀或用键槽铣刀替代。加工材料为硬铝,铣刀材料用普通高速钢铣刀即可。

2)合理切削用量选择

加工材料为硬铝,粗铣铣削深度除留 0.3 mm 精铣余量,其余一刀切完。切削速度可较高,进给速度 50～80 mm/min ,具体见表 5-6。

表 5-6　粗、精铣削用量

刀具	工作内容	F(mm/min)	n(r/min)
高速钢键槽铣刀(T1)	垂直进给深度留 0.3 mm 精加工余量	50	1 000
	粗铣内、外轮廓轮廓留 0.3 mm 精加工余量	70	1 000
高速钢立铣刀(T2)	垂直进给	50	1 200
	精铣内、外轮廓	60	1 200

3.参考程序编制

主程序:法那克系统程序名"O0440"(表 5-7)。

表 5-7　"O0440"

程序段号	程序内容(法那克系统)	动作说明
N5	G40 G49 G90 G80	设置初始状态
N10	G54 M3 S1000 T01	设置加工参数,D1=6.3
N20	G0 G43 X0 Y0 Z5 H01	快速运动至原点上方
N30	G1 Z−2.7 F50	下刀深 2.7 mm
N40	G42 X−32.5 Y0 D1	建立刀具半径补偿
N50	M98 P0010	调用子程序粗加工内轮廓
N60	G1 G40 X0 Y0	取消刀具半径补偿
N70	G0 Z5	抬刀
N80	X−55 Y−16	刀具空间移动至 14 点
N90	G1 Z−2.7 F50	下刀
N100	G41 X−32.5 Y−10 D3	D3 值为−9.3 变为外轮廓
N110	G1 Y0	
N120	M98 P0010	调用子程序加工外轮廓
N130	G1 X−32.5 Y7.5	
N140	G40 X−60 Y16	取消刀具半径补偿
N150	G42 X−40 Y25 D1 F70	
N160	G1 X−20.207 Y25	
N170	G3 X−11.547 Y30 R10	
N180	G1 X−5.774 Y40	
N190	G40 X2 Y46	取消刀具半径补偿
N200	G0 Z5	抬刀
N210	X−55 Y−16	
N220	G1 Z−2.7 F50	下刀
N230	G41 X−45 Y−25 D1 F70	
N240	X−20.207 Y−25	
N250	G3 X−11.547 Y−30 R10	
N260	G1 X−5.774 Y−40	
N270	G40 X2 Y46	取消刀具半径补偿
N280	G0 Z5	抬刀
N290	G41 X50 Y−10 D1	加工右侧半圆凸台
N300	G1 Z−2.7 F50	
N310	X40 Y−10 F70	
N320	G2 X40 Y10 R10	
N330	G1 Y15	
N340	G0 Z5	抬刀
N350	G40 X0 Y0 Z100	取消刀补

程序段号	程序内容（法那克系统）	动作说明
N420	M98 P0010	调用子程序精加工内轮廓
N430	G1 G40 X0 Y0	取消刀具半径补偿
N440	G0 Z5	抬刀
N450	X−55 Y−16	刀具空间移动
N460	G1 Z−3 F50	下刀
N470	G41 X−32.5 Y−10 D4	
N480	G1 Y0	延长线切入外轮廓
N490	M98 P0010	调用环形轮廓子程序
N500	G1 X−32.5 Y7.5	切线方向切出
N510	G40 X−60 Y16	取消刀具半径补偿
N520	G42 X−40 Y25 D1 F60	
N530	G1 X−20.207 Y25	
N540	G3 X−11.547 Y30 R10	
N550	G1 X−5.774 Y40	
N560	G40 X2 Y46	取消刀具半径补偿
N570	G0 Z5	抬刀
N580	X−55 Y−16	
N590	G1 Z−3 F50	下刀
N600	G41 X−45 Y−25 D2 F60	
N610	X−20.207 Y−25	
N620	G3 X−11.547 Y−30 R10	
N630	G1 X−5.774 Y−40	
N640	G40 X2 Y−46	取消刀具半径补偿
N650	G0 Z5	抬刀
N660	G41 X50 Y−10 D2	建立刀具半径补偿
N670	G1 Z−3 F50	精加工右侧半圆凸台
N680	X40 Y−10 F60	
N690	G2 X40 Y10 R10	
N700	G1 Y15	
N710	G0 Z5	抬刀
N720	G40 G49 X0 Y0 Z100	取消刀具补偿
N730	M02	程序结束

环形轮廓子程序：法那克系统子程序名"O0010"（表 5-8）。

表 5-8 "○0010"

程序段号	程序内容（法那克系统）	动作说明
N10	G2 X－25 Y7.5 R7.5 F70	
N20	G1 X－15.877	
N30	G3 X1.443 Y17.5 R15	
N40	G1 X6.005 Y25.401	
N50	G2X18.995Y17.901R7.5	
N60	G1 X14.434 Y10	
N70	G3 X14.434 Y－10 R15	
N80	G1 X18.995 Y－17.901	
N90	G2X6.005Y－25.401R7.5	
N100	G1 X1.443 Y－17.5	
N110	G3 X－15.877 Y－7.5 R15	
N120	G1 X－25 Y－7.5	
N130	G2 X－32.5 Y0 R7.5	
N140	M99	子程序结束

项目六 孔加工

任务一 钻孔

一、任务目标

(1)了解孔的类型及加工方法。

(2)了解麻花钻、钻孔工艺及工艺参数选择。

(3)掌握刀具长度补偿指令。

(4)掌握孔加工循环指令。

(5)掌握浅孔、深孔加工。

(6)掌握循环加工指令,加工浅孔、深孔方法。

二、设备

数控铣床若干。

三、任务内容和要求

(一)任务内容

(1)孔的加工。

(2)数控铣床孔加工固定循环指令。

(3)刀具长度补偿指令。

(二)要求

学生在学习了孔加工指令后,会根据不同的孔合理选择指令进行孔的加工,并应保证零件加工精度。

四、任务实施步骤

(1)有关孔的理论知识学习。

(2)加工准备。

(3)对刀,设定工件坐标系。

(4)空运行及仿真。

(5)零件自动加工。

(6)零件检测。

(7)加工结束,清理机床。

五、相关知识

(一)孔的类型及孔的加工方法

在数控铣床及加工中心上,常用的加工孔的方法有钻孔、扩孔、铰孔及攻螺纹等,如表6-1所示。

表 6-1 孔的加工方法

孔的精度	有无预孔	孔尺寸				
		0~12	12~20	20~30	30~60	60~80
IT9~IT11	无	钻—铰	钻—扩		钻—扩—镗	
	有	粗扩—精扩或粗镗—精镗(余量少可一次性扩孔或镗孔)				
IT8	无	钻—扩—铰	钻—扩—精镗(或铰)		钻—扩—粗镗—精镗	
	有	粗镗—半精镗—精镗(或精铰)				
IT7	无	钻—粗铰—精铰	钻—扩—粗铰—精铰或钻—扩粗镗—半精镗—精镗			
	有	粗镗—半精镗—精镗(如仍达不到精度还可进一步采用精细镗)				

(二)固定循环指令

1.孔加工固定循环的概念

钻孔、铰孔、攻丝以及镗削加工时,孔加工路线包括 X、Y 方向的点到点的点定位路线,Z 轴向的切削运动。所有孔加工运动过程类似,其过程至少包括以下几点。

(1)在安全高度刀具 X、Y 向快速点定位于孔加工位置。

(2)Z 轴方向快速接近工件运动到切削的起点。

(3)以切削进给率进给运动到指定深度。

(4)刀具完成所有 Z 方向运动离开工件返回到安全的高度位置。

一些孔的加工还有更多的动作细节。

2.孔加工固定循环通用格式

孔加工固定循环通用格式:

【G90/G91】【G98/G99】【G73~G89】X~Y~Z~R~Q~P~F~K~;

其中:

X,Y——孔加工定位位置;

R——R 点平面所在位置;

Z——孔底平面的位置;

Q——当有间隙进给时,刀具每次加工深度;在精镗或反镗孔循环中为退刀量;

P——指定刀具在孔底的暂停时间,数字不加小数点,以 ms 作为时间单位;

F——孔加工切削进给时的进给速度;

K——指定孔加工循环的次数。

FANUC—0 系统加工中心配备的固定循环功能,主要用于孔加工,包括钻孔、镗孔、攻

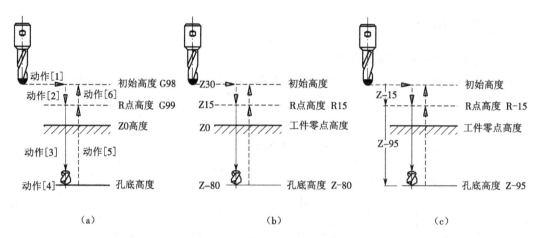

图 5-1-1　孔加工的六个运动及 G90 或 G91 时的坐标计算方法

螺纹等,调用固定循环的 G 指令有:G73、G74、G76、G81~G89,G80 用于取消固定循环状态。

3.固定循环中的 Z 向高度位置及选用

在孔加工运动过程中,刀具运动涉及 Z 向坐标的三个高度位置:初始平面高度,R 平面高度,钻削深度。孔加工工艺设计时,要对这三个高度位置进行适当选择。

4.钻孔加工循环及应用

(1)钻孔循环 G81 与锪孔循环 G82。

钻孔循环指令格式:G81 X～Y～Z～R～F～。

锪孔循环指令格式:G82 X～Y～Z～R～P～F～。

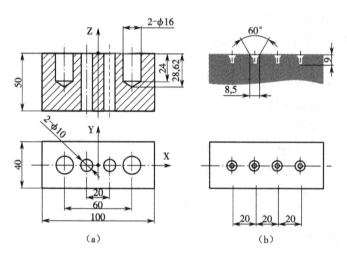

图 5-1-3　固定循环 G81、G82、G73、G83 指令应用示例图

(a)示例工件图　(b)中心孔定距重复加工图

(2)深孔钻削循环 G73、G83。

高速深孔钻循环指令格式:G73 X～Y～Z～R～Q～F～。

深孔钻循环指令格式:G83 X~Y~Z~R~Q~F~。

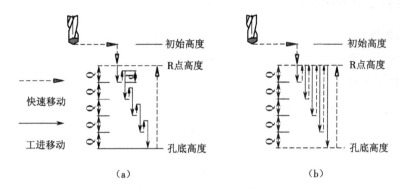

图 5-1-4 G73 与 G83 动作图

(3)固定循环的重复。

L 和 K 地址:在一些 CNC 控制器中用 L 或 K 地址来表示循环的重复次数。

用 K 时一般以增量方式(G91),以 X、Y 指令第一个孔位,然后可对等间距的相同孔进行重复钻削;若用 G90 时,则在相同的位置重复钻孔,显然这并没有什么意义。

(4)固定循环的取消。

G80 取消所有的固定循环且可自动切换到 G00 快速运动模式,如下面实例中固定循环的取消:

N34 G80；

N35 X100 Y－100；

六、思考与练习

法那克(FANUC-Oi-MB/MC)系统中,G81 和 G73 有何区别?

任务二　铰孔

一、任务目标

(1)了解铰刀的形状、结构、种类。

(2)掌握铰削工艺参数选择。

(3)掌握铰刀的校正方法。

(4)掌握铰削工艺。

二、设备

数控铣床若干,硬质合金端铣刀盘 $\varphi80$、$\varphi4$ 中心钻、$\varphi19.8$ 扩孔钻、高速钢 $\varphi8.5$ 钻头、$\varphi30$ 点钻(90°)、$\varphi20H7$ 机用铰刀。

三、任务内容和要求

(一)任务内容

(1)加工工艺分析。

(2)参考程序编制。

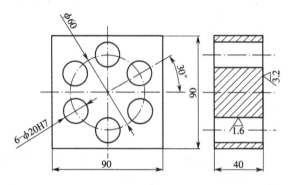

图 5-2-1　圆周均布孔加工零件

材料:45♯钢,正火处理

(二)要求

学生以小组为单位,教师以项目教学方法形式组织教学。

四、相关知识

(一)铰刀及选用

1.铰刀结构

在加工中心上铰孔时,多采用通用的标准机用铰刀。通用标准铰刀,有直柄、锥柄和套式三种。直柄铰刀直径为 $\varphi6$ mm～$\varphi20$ mm,小孔直柄铰刀直径为 $\varphi1$ mm～$\varphi6$ mm;锥柄铰刀直径为 $\varphi10$ mm～$\varphi32$ mm;套式铰刀直径为 $\varphi25$ mm～$\varphi80$ mm。分 H7、H8、H9 三种精度等级

2.铰刀直径尺寸的确定

铰孔的精度主要决定于铰刀的尺寸精度。

由于新的标准圆柱铰刀,直径上留在研磨余量,且其表面粗糙度也较差,所以在铰削 IT8 级精度以上孔时,应先将铰刀的直径研磨到所需的尺寸精度。

由于铰孔后,孔径会扩张或缩小,目前对孔的扩张或缩小量尚无统一规定,一般铰刀的直径多采用经验数值:

铰刀直径的基本尺寸=孔的基本尺寸;

上偏差=2/3被加工孔的直径公差;

下偏差=1/3被加工孔的直径公差。

例如:铰削 $\varphi20H7(^{+0.021}_{0})$ 的孔,则选用的铰刀直径:

铰刀基本尺寸=$\varphi20$ mm,

上偏差＝2/3×0.021 mm＝0.014 1 mm

下偏差＝1/3×0.021 mm＝0.007 mm

所以选用的铰刀直径尺寸为 $\varphi 20^{+0.014}_{0.007}$ mm。

3. 铰刀齿数的确定

4. 铰刀材料的确定

(二)铰削用量的选用

(1)铰削余量。

(2)铰孔的进给率。

(3)铰孔操作的主轴转速。

(三)适合于铰孔切削循环

通常铰孔的步骤和其他操作一样。加工盲孔时,先采用钻削然后铰孔,但是在钻孔过程中必然会在孔内留下一些碎屑影响铰孔的正常操作。因此在铰孔之前,应用 M00 停止程序,允许操作者除去所有的碎屑。

项目七 零件综合加工

一、任务目标

(1)会识读零件图。

(2)掌握内外轮廓及内孔铣削的工艺制定及程序编制方法。

(3)掌握对刀仪的使用方法。

(4)掌握夹具、工件及刀具的安装。

(5)熟练掌握利用长度和半径补偿控制加工尺寸的方法。

(6)会进行产品质量分析。

二、设备

数控铣床若干。

三、任务内容和要求

(一)任务内容

综合加工零件图如图 7-1 所示。

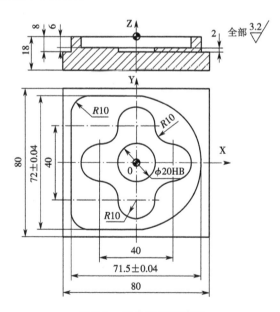

图 7-1 综合加工零件图

(二)要求

加工如图 7-1 所示零件(单件生产),毛坯为 80 mm×80 mm×19 mm 长方块(80 mm×

80 mm 四面及底面已加工),材料为 45 钢。

四、课题操作步骤

(一)加工工艺分析

1. 工、量、刃具选择

1)工具选择

工件装夹在平口钳上,平口钳用百分表校正,X、Y 方向用寻边器对刀,Z 方向用对刀仪进行对刀。

2)量具选择

内、外轮廓尺寸用游标卡尺测量;深度尺寸用深度游标卡尺测量;孔径用内径千分尺测量。

3)刃具选择

上表面铣削用端铣刀;内、外轮廓铣削用键槽铣刀铣削;孔加工用中心钻、麻花钻、铰刀。

2. 加工工艺方案

(1)加工工艺路线。

本课题为内、外轮廓及孔加工。首先粗、精铣坯料上表面,以便深度测量;然后粗、精铣削内、外轮廓,最后钻、铰孔。

①粗、精铣坯料上表面,粗铣余量根据毛坯情况由程序控制,留精铣余量 0.5 mm。

②φ16 键槽铣刀粗、精铣内、外轮廓和 φ25+0.10 内轮廓。

③中心钻钻 $4\times\varphi$10+0.022 0 中心孔。

④用 φ9.7 麻花钻钻 $4\times\varphi$10+0.022 0 孔。

⑤用 φ10H8 机用铰刀铰 $4\times\varphi$10+0.022 0 孔。

(2)合理切削用量选择(见表 7-1)。

表 7-1 切削用量选择

刀具号	刀具规格	工序内容	F(mm/min)	S(r/min)
T1	Φ60 端铣刀	粗、精铣坯料上表面	100/80	500/800
T2	Φ16 键槽铣刀	粗精铣外轮廓、内轮廓	100	800/1 200
T3	A2 中心钻	钻中心孔	100	1 000
T4	Φ9.7	钻 $4\times\Phi10^{0.022}_{1}$	100	800
T5	Φ10H8 机用铰刀	铰 $4\times\Phi10^{0.022}_{1}$ 的孔	100	1 200

(二)参考程序编制

1. 工件坐标系的建立

以图示的上表面中心作为 G54 工件坐标系原点。

2.基点坐标计算

略。

3.参考程序

1)上表面加工程序

上表面采用面铣刀加工,其参考程序见表7-2。

表7-2 上表面加工参考程序

程序	说明
O1001	程序名
N10 G54 G90 G17 G40 G80 G49 G21	设置初始状态
N20 G00 Z50	安全高度
N30 X−95 Y0 S300 M03	启动主轴,快速进给至下刀位置
N40 G00 Z5 M08	接近工件,同时打开冷却液
N50 G01 Z−0.7 F80	下刀至−0.7 mm
N60 X95 F150	粗铣上表面
N70 M03 S500	主轴转速 500 r/min
N80 Z−1	下刀至−1 mm
N90 G01 X−95 F100	精铣上表面
N100 G00 Z50 M09	Z 向抬刀至安全高度,并关闭冷却液
N110 M05	主轴停
N120 M30	程序结束

2)外轮廓、孔、型腔粗加工程序

外轮廓、孔、型腔粗加工采用立铣刀加工,其参考程序见表7-3至7-5。

表7-3 外轮廓、孔、型腔粗加工程序

程序	说明
O1002	主程序名
N10 G54 G90 G17 G40 G80 G49 G21	设置初始状态
N20 G00 Z50	安全高度
N30 G00 X12 Y60 S400 M03	启动主轴,快速进给至下刀位置
N40 G00 Z5 M08	接近工件,同时打开冷却液
N50 G01 Z−7.8 F80	下刀至−7.8 mm
N60 M98 P1011 D01 F120	调子程序 O1011,粗加工外轮廓
N70 G00 X1.7 Y0	快速进给至孔加工下刀位置
N80 G01 Z0 F60	接近工件

续表

程序	说明
N90 G03 X1.7 Y0 Z−1 I−1.7	
N100 G03 X1.7 Y0 Z−2 I−1.7	
N110 G03 X1.7 Y0 Z−3 I−1.7	
N120 G03 X1.7 Y0 Z−4 I−1.7	
N130 G03 X1.7 Y0 Z−5 I−1.7	螺旋下刀
N140 G03 X1.7 Y0 Z−6 I−1.7	
N150 G03 X1.7 Y0 Z−7 I−1.7	
N160 G03 X1.7 Y0 Z−7.8 I−1.7	
N170 G03 X1.7 Y0 I−1.7	修光孔底
N180 G01 Z−5.8 F120	提刀
N190 G01 X10 Y0	
N200 M98 P1012 D01	调子程序 O1012,粗加工型腔
N210 G00 Z50 M09	Z向抬刀至安全高度,并关闭冷却液
N220 M05	主轴停
N230 M30	主程序结束

表 7-4 外轮廓加工子程序

程序	说明
O1011	子程序名
N10 G41 G01 X12 Y50	建立刀具半径补偿
N20 X52 Y10	
N30 G00 X52 Y−10	
N40 G01 X26 Y−36	
N50 X−25.5 Y−36	
N60 G02 X−35.5 Y−26 R10	
N70 G01 X−35.5 Y26	
N80 G02 X−25.5 Y36 R10	
N90 G01 X0 Y36	
N100 G02 X0 Y−36 R36	
N110 G03 X−10 Y−46 R10	
N120 G40 G00 X−10 Y−56	取消刀具半径补偿
N130 G00 Z5	快速提刀
N140 M99	子程序结束

表 7-5　型腔加工子程序

程序	说明
O1012	子程序名
N10 G03 X10 Y0 I－10	走整圆去除余量
N20 G41 G01 X21 Y－9	建立刀具半径补偿
N30 G03 X30 Y0 R9	
N40 G03 X20 Y10 R10	
N50 G02 X10 Y20 R10	
N60 G03 X－10 Y20 R10	
N70 G02 X－20 Y10 R10	
N80 G03 X－20 Y－10 R10	
N90 G02 X－10 Y－20 R10	
N100 G03 X10 Y－20 R10	
N110 G02 X20 Y－10 R10	
N120 G03 X30 Y0 R10	
N130 G03 X21 Y9 R9	
N140 G40 G01 X10 Y0	取消刀具半径补偿
N150 G00 Z5	快速提刀
N160 M99	子程序结束

3)外轮廓、孔、型腔精加工程序

外轮廓、孔、型腔精加工采用立铣刀加工,其参考程序见表 7-6。

表 7-6　外轮廓、孔、型腔精加工程序

程序	说明
O1003	主程序名
N10 G54 G90 G17 G40 G80 G49 G21	设置初始状态
N20 G00 Z50	安全高度
N30 X12 Y60 S2000 M03	启动主轴,快速进给至下刀位置
N40 G00 Z5 M08	接近工件,同时打开冷却液
N50 G01 Z－8 F80	下刀
N60 M98 P1011 D02 F250	调子程序 O1011,精加工外轮廓
N70 G00 X10 Y0	快速进给至型腔加工下刀位置
N80 G01 Z－6 F80	下刀
N90 M98 P1012 D02 F250	调子程序 O1012,精加工型腔
N100 G00 X0 Y0	快速进给至孔加工下刀位置
N110 G01 Z－8 F80	下刀

续表

程序	说明
N120 G41 G01 X1 Y−9 D02 F250	建立刀具半径补偿
N130 G03 X10 Y0 R9	圆弧切入
N140 G03 X10 Y0 I−10	走整圆精加工孔
N150 G03 X1 Y9 R9	圆弧切出
N160 G40 G01 X0 Y0	取消刀具半径补偿
N170 G00 Z50 M09	Z 向抬刀至安全高度,并关闭冷却液
N180 M05	主轴停
N190 M30	主程序结束

五、思考与练习

编写如下图所示零件加工程序并加工。

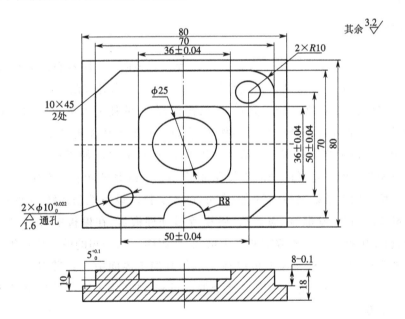

项目八 基于 Edgecam 数控编程
软件的二次开发

一、任务目标

(1)了解 Edgecam 软件的特点。
(2)掌握 Edgecam 软件的功能基本操作。
(3)掌握 Edgecam 软件的二次开发基本内容。

二、设备

计算机若干。

三、相关知识

Edgecam 是在 Windows 环境下开发的应用程序,因而无论是界面的风格还是操作习惯都很容易被接受。后处理编制系统也是基于 Windows 平台开发的,在编制过程中不需要软件开发环境的后盾支持,而且简单直观,容易操作,所以使任何人都可以利用它来编制后处理模板,并且这个后处理编译模块已经作为 Edgecam 基本功能附加到每个产品模块中。Edgecam 为用户提供了这个在加工中简单易用的工具,从而可以使用户使用它完成任何控制系统的模板配置工作。这样的功能不仅保证了 Edgecam 系统功能的实用性和完整性,而且还赋予用户良好的设备扩展性的特点。Edgecam 支持的设备控制系统类型多样,根据用户需求可自定义西门子、发那科、海德汉、哈斯等后处理模板,在模板中可以定义的内容有设备的模型、程序中英文字母和数字的显示格式、代码中不同语句的前后位置等。

在后处理模板中加入机床模型可以在模拟仿真加工界面中看到带刀具、刀套、机床机构的模拟仿真加工,可直观、逼真地模拟整个加工过程,如图 8-1 所示是自定义机床模型后处理配置的操作方法。

(一)新建一个后处理

(1)在 Edgecam 程序组中选择 CodE Wizard 命令打开后处理系统,系统弹出【CodE Wizard 代码向导】对话框,如图 8-2 所示。

(2)选择【新建】单选按钮,单击【确认】按钮,系统弹出【机床选择】对话框,如图 8-3。

(3)单击【铣床】按钮,系统弹出【铣】对话框。

这里要配置一台带有 BA 旋转工作台的立式铣床。

【机床类型】选择立式加工中心,【旋转工作台】的【第一摆】选择 B 轴,【第二摆】选择 A 轴,后处理模版选择【adaptivE-mill-iso.cgt】,即选择一个标准的铣床后处理模版。如果要配置一台 fanuc 或 mazak 的后处理,也可以选择这个模版。

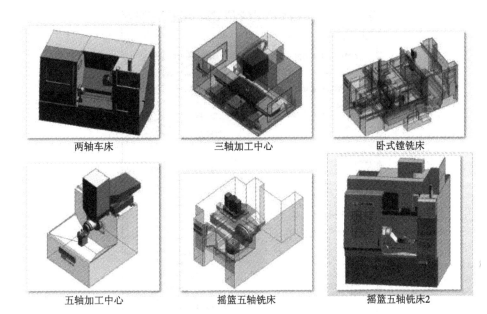

两轴车床　　　　　三轴加工中心　　　　卧式镗铣床

五轴加工中心　　　摇篮五轴铣床　　　　摇篮五轴铣床2

图 8-1　后处理模板中可以显示的机床模型

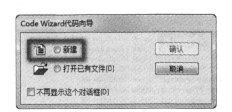

图 8-2　CodE Wizard 代码向导

图 8-3　"机床选择"对话框

【导入默认机床结构模型】不选。如图 8-4 所示。

(4)单击【确定】按钮,系统弹出【CodE Wizard 步骤】对话框。

将该后处理命名为 Edgecam,单击【保存】,单击【完成】进入后处理配置界面,如图 8-5 所示。

(二)复制机床模型

切换到 Edgecam 软件界面,在【特征】浏览器中选择机床装配体模型中的所有实体模型,右击鼠标,在弹出的快捷菜单中选择【输出模型】命令,如图 8-6 所示。

铣

机床类型

典型的机床结构类型　　　　　卧式加工中心 ○
　　　　　　　　　　　　　　立式加工中心 ●
　　　　　　　　　　　　　　龙门式 ○

*对于带摆角的多坐标设备，请先指定第一摆角，然后再指定第二摆角

旋转工作台

　　　　　　　　　　　第一摆　　第二摆角
　　　　　　　　　　　□ A　　　☑ A
　　　　　　　　　　　☑ B　　　□ B
　　　　　　　　　　　□ C　　　□ C

旋转摆头

　　　　　　　　　　　第一摆　　第二摆角
　　　　　　　　　　　□ A　　　□ A
　　　　　　　　　　　□ B　　　□ B
　　　　　　　　　　　□ C　　　□ C

机床结构特征信息

选定机床所具备的特殊功能

　　　　　　　　　　　主轴头上附加Z轴 □
　　　　　　　　　　工作台上附加Z轴(T) □
　　　　　　　　　　　　　　车削功能 □
　　　　　　　　　　　　　雷尼绍测量 □
　　　　　　　　　　　　　m&h测量 □

机床模

　　　　　　　　　　导入默认的机床结构模型 □
　　　　　　　　　　　　　旋转工作台 □

□ 显示早期的模板　　　　　　　　　　旋转轴 □
● 公制　○ 英制　○ 全部

名称	描述
adaptive-mill-iso.cgt	Generic ISO Adaptive Mill
adaptive-mill-siemens.cgt	Generic Siemens Adaptive Mill
adaptive-mill-tnc.cgt	Generic TNC Adaptive Mill
3ax-cin750-generic.cgd	Generic ISO Adaptive Mill
3ax-deckel-generic.cgd	Generic ISO Adaptive Mill
3ax-num750-generic.cgd	Generic ISO Adaptive Mill
3ax-okuma-generic.cgd	Generic ISO Adaptive Mill
3ax-tnc-generic.cgd	Generic TNC Adaptive Mill
5ax-cin750-generic.cgd	Generic ISO Adaptive Mill
5ax-num750-generic.cgd	Generic ISO Adaptive Mill
5ax-okuma-generic.cgd	Generic ISO Adaptive Mill

确定(O)　　取消(C)

图 8-4　铣床后置处理初始化设置

Code Wizard 步骤

欢迎使用代码向导~ Code Wizard！
请输入新建的后处理模板的名称(P)

edgecam

按照向导，依次完成下面的配置，即可完成任务

● 1：机床参数(M)·输入相关的机床参数
○ 2：样式表(F)·定义未来NC程序中字符的含义
○ 3：NC形式(T)，G-Codes含义 模态字符等内容
○ 4：代码构造器(D)·配置输出程序的段落格式
○ 5：M·功能(U)·定置机床持有的辅助功能

保存(S)　　　下一步(N) >　完成(F)　帮助(H)

图 8-5　"CodE Wizard 步骤"对话框

图 8-6　输出机床模型

(三)粘贴机床模型

切换到后处理配置界面,打开【机床设置】结构树。在该结构树中右击鼠标,在弹出的快捷菜单中选择【粘贴模型】命令,将需要配置的机床模型粘贴到后处理机床构建窗口当中,如图 8-7 所示。

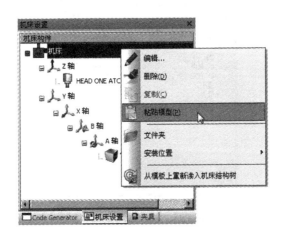

图 8-7　粘贴机床模型

(四)设置机床各部件的定位关系

将机床的各部件拖放到机床结构树中的对应位置。例如:可将代表机床床身的实体模型拖放到【机床】图标上,将代表 C 轴的实体模型拖放到【C 轴】图标上,如图 8-8 所示。

(五)修改各部件定位参数

(1)在【机床设置】结构树中单击结构树中任意一个节点,在【属性】浏览器中将会显示该节点的所有参数。例如:在【机床设置】结构树中单击【Z 轴】图标,此时在【属性】浏览器中便会显示机床 Z 轴部件的相应参数,如 Z 轴坐标原点、移动方向、行程范围等等。在该浏览器中单击【定位】项后的定位值"0",随后弹出一个定位滑块。拖动这个滑块,可在图形工作区中观察到 Z 轴部件是如何运动的,如图 8-9 所示。

(2)通过控制定位滑块,可验证机床模型中各部件是否按照预定要求运动。可以看到,

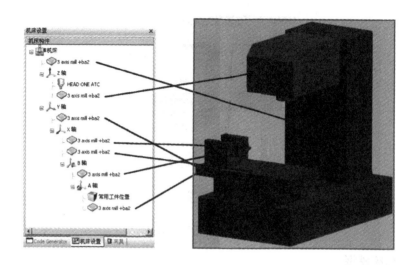

图 8-8　设置机床各部件的定位关系

图 8-9　【属性】浏览器

这里各部件的运动方向都正确,但大多都超出了机床行程。这里可在【最小】和【最大】文本框中修改机床行程的极限值。

(3)通过控制定位滑块,可以看到 A 轴和 C 轴部件的旋转中心都不在预定的位置上,这里可在【原点】文本框中输入旋转中心坐标,这个坐标值是与机床模型坐标原点的相值,如图 8-10 所示。

(4)切换到 Edgecam 软件界面,使用绘图工具在机床模型中绘制 A 轴和 C 轴的旋转中心点。如图 8-11 所示。

(5)测量旋转中心点的绝对坐标。在工具栏中单击【测距】按钮,系统提示"指定要测量距离的起点",选择机床坐标原点作为测量的起点位置;系统提示"指定要测量距离的终点",选择旋转中心点作为测量的终点位置。此时在【反馈】浏览器中出现测量结果,如图 8-12 所示。

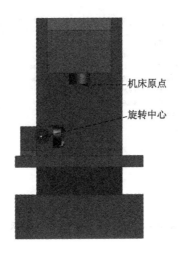

图 8-10　B 轴和 A 轴旋转中心位置

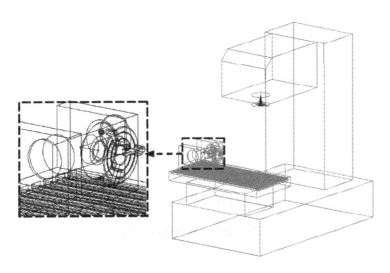

图 8-11　绘制 B 轴和 Z 轴回转中心

（6）切换到后处理系统界面，将前面得到的旋转中心点绝对坐标值输入到 B 轴和 A 轴的【原点】文本框中。注意坐标值书写格式应与默认的书写格式相同，如图 8-13 所示。

（7）修改工件位置坐标。

在【机床构建】结构树中单击【常用工件位置】图标，此时在【属性】浏览器中可以查看到常用工件位置的坐标原点。这里将工件位置的原点坐标替换为旋转中心点坐标即可。

（六）编译和调试

在工具栏中单击【编译】按钮编译后处理文件，在新建工序时即可看到该后处理模板。选择该后处理模板进行编程操作，在模拟仿真界面可以看到之前编辑好的机床模型。

图 8-12　测量 B 轴回转中心坐标

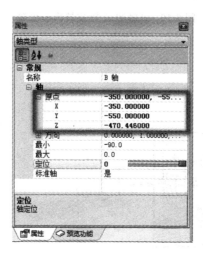

图 8-13　输入 B 轴回转中心坐标

附录 1　外轮廓零件加工

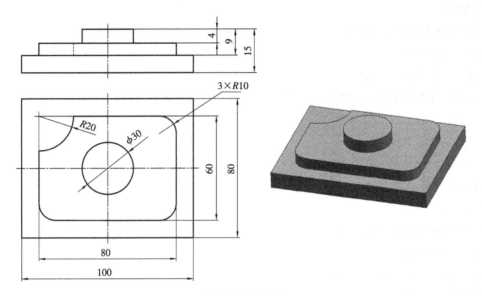

零件加工任务图

参考程序如下。

1）圆柱台加工程序

○0001；

G90 G94 G40 G17 G21；

G91 G28 Z0；

G90 G54 M3 S350；

G00 X62.0 Y0；

Z5.0；

G01 Z－4.0 F52；

G41 D02 G01 X47.0 Y0 F52；

G02 I－47.0 J0；

G40 G01 X62.0 Y0；

G41 D02 G01 X31.0 Y0；

G02 I－31.0 J0；

G40 G01 X62.0 Y0；

G41 D02 G01 X15.0 Y0；

G02 I－15.0 J0；

G40 G01 X62.0 Y0；

G00 Z20.0；

G91 G28 Z0；

M30；

2）外轮廓加工程序

〇0002；

G90 G94 G40 G17 G21；

G91 G28 ZO；

G90 G54 M03 S350；

G00 X－62.0 Y52.0 M08；

Z5.0；

G01 Z－9.0 F52；

G41 D02 G01 X－40.0 Y30.0 F52；

G01 X－20.0 Y30.0；

X30.0；

G02 X40.0 Y20.0 R10.0；

G01 Y－20.0；

G02 X30.0 Y－30.0 R10.0；

G01 X－30.0；

G02 X－40.0 Y－20.0 R10.0；

G01 Y10.0；

G03 X－20.0 Y30.0 R20.0；

G40 G01 X－62.0 Y52.0；

G00 Z20.0 M09；

G91 G28 Z0；

M30；

粗加工时，选用 φ20 的立铣刀，刀具号为 T02，刀具半径补偿号为 D02，补偿值为 10.2 mm(0.2 mm 是精加工余量)。

精加工时，选用 φ12 的立铣刀，刀具号为 T03，刀具半径补偿号为 D03，补偿值为 6 mm。

附录2　内轮廓零件加工

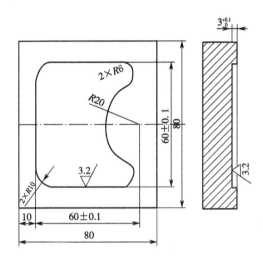

型腔加工任务图

参考程序如下。

1)型腔内粗加工程序

○0001；（主程序）

G90 G40 G21 G94 G17；

G91 G28 Z0；

G90 G54 M3 S480；

G00 X0 Y0；

Z5.0 M08；

G01 Z0 F50；

M98 P0002 L02；

G00 Z20.0 M09；

G91 G28 Z0；

M30；

○0002；（子程序）

G91 G01 Z－4.0 F40；

G90 G01 X7.0 Y0 F48；

G03 I－7.0 J0；

G01 X19.0 Y0；

G03 I－19.0 J0；

G01 X0 Y0 F100；

M99；

2）型腔内轮廓精加工程序

○0003；（主程序）

G90 G40 G21 G94 G17；

G91 G28 Z0；

G90 G54 M3 S480；

G00 X5.0 Y0；

Z5.0 M08；

G01 Z0 F80；

M98 P0004 L02；

G00 Z20.0 M09；

G91 G28 Z0；

M30；

○0004；（子程序）

G91 G01 Z−4.0 F80；

G90 G41 D01 G01 X20.0 Y−15.0 F48；

G03 X35.0 Y0 R15.0；

G01 Y6.7157；

G03 X28.3333 Y16.1438 R10.0；

G02 X16.1438 Y28.3333 R20.0；

G03 X6.7157 Y35.0 R10.0；

G01 X−6.7157；

G03 X−16.1438 Y28.3333 R10.0；

GO2 X−28.3333 Y16.1438 R20.0；

G03 X−35.0 Y6.7157 R10.0；

G01 Y−6.7157；

G03 X−28.3333 Y−16.1438 R10.0；

G02 X−16.1438 Y−28.3333 R20.0；

G03 X−6.7157 Y−35.0 R10.0；

G01 X6.7157；

G03 X16.1438 Y−28.3333 R10.0；

G02 X28.3333 Y−16.1438 R20.0；

G03 X35.0 Y−6.7157 R10.0；

G01 Y0；

G03 X20.0 Y15.0 R15.0；

G40 G01 X5.0 Y0；

M99；

附录3　孔加工

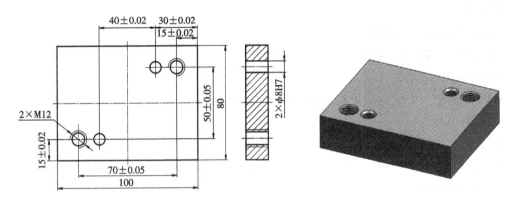

钻孔、攻丝加工任务图

参考程序：

○0001；

G91 G28 Z0；

M06 T1；

G90 G17 G49 G21 G94；

G54 M3 S1200；

G00 X20.0 Y100.0 M08；

G43 H01 G00 Z50.0；

G99 G81 X－15.0 Y65.0 Z－4.0 R5.0 F80；

G98 X－30.0；

G00 X－120.0；

Y15.0；

G99 G81 X－85.0 Y15.0 Z－4.0 R5.0 F80；

G98 X－70.0；

G91 G28 Z0 M09；

M06 T02；

G90 G49 G54 M3 S550；

G00 X20.0 Y100.0 M08；

G43 H02 G00 Z50.；

G99 G73 X－15.0 Y65.0 Z－20.0 R5.0 Q2.0 F60；

G98 X－30.0；

G00 X－120.0；

Y15.0；

G99 G73 X－85.0 Y15.0 Z－20.0 R5.0 Q2.0 F60；

G98 X－70.0；

G91 G28 Z0 M09；

M06 T03；

G90 G49 G54 M3 S500；

G00 X20.0 Y100.0 M08；

G43 H03 G00 Z50.；

G98 G83 X－30.0 Y65.0 Z－21.0 R5.0 Q2.0 F60；

G00 X－120.0；

Y15.0；

G98 G83 X－70.0 Y15.0 Z－21.0 R5.0 Q2.0 F60；

G91 G28 Z0 M09；

M06 T04；

G90 G49 G54 M3 S450；

G00 X20.0 Y100.0 M08；

G43 H04 G00 Z50.；

G98 G81 X－15.0 Y65.0 Z－21.0 R5.0 F50；

G00 X－120.0；

Y15.0；

G98 G81 X－85.0 Y15.0 Z－21.0 R5.0 F50；

G91 G28 Z0 M09；

M06 T05；

G90 G49 G54 M3 S350；

G00 X20.0 Y100.0 M08；

G43 H05 G00 Z50.0；

G99 G82 X－15.0 Y65.0 Z－6.0 R5.0 P2000 F60；

G98 X－30.0；

G00 X－120.0；

Y15.0；

G99 G82 X－85.0 Y15.0 Z－6.0 R5.0 P2000 F60；

G98 X－70.0；

G91 G28 Z0 M09；

M06 T06；

G90 G49 G54 M3 S50；

G00 X20.0 Y100.0 M08；

G43 H06 G00 Z50. 0;

G98 G85 X－30. 0 Y65. 0 Z－18. 0 R5. 0 F40;

G00 X－120. 0;

Y15. 0;

G98 G85 X－70. 0 Y15. 0 Z－18. 0 R5. 0 F40;

G91 G28 Z0 M09;

M06 T07;

G90 G49 G54 M3 S100;

G00 X20. 0 Y100. 0 M08;

G43 H07 G00 Z50. 0;

G98 G84 X－15. 0 Y65. 0 Z－19. 0 R5. 0 F175;

G00 X－120. 0;

Y15. 0;

G98 G84 X－85. 0 Y15. 0 Z－19. 0 R5. 0 F175;

G91 G28 Z0 M09;

M30;

附录4 数控铣中级练习图纸

C 形块

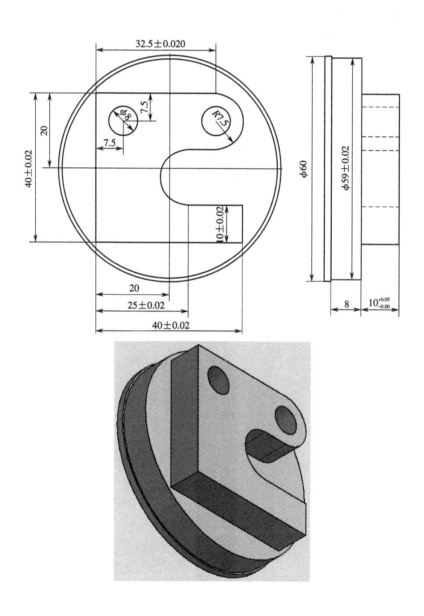

L 形块

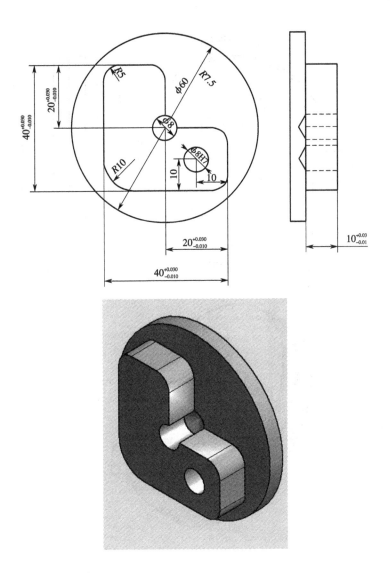

丁字块

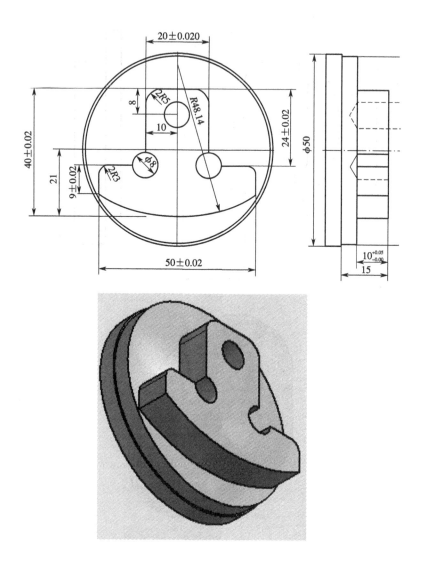

脸谱块

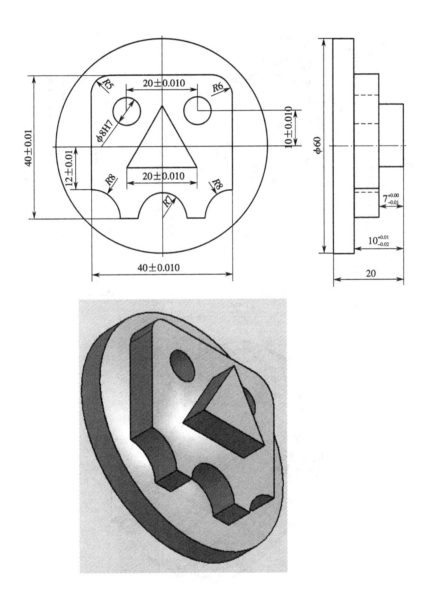

楔形块

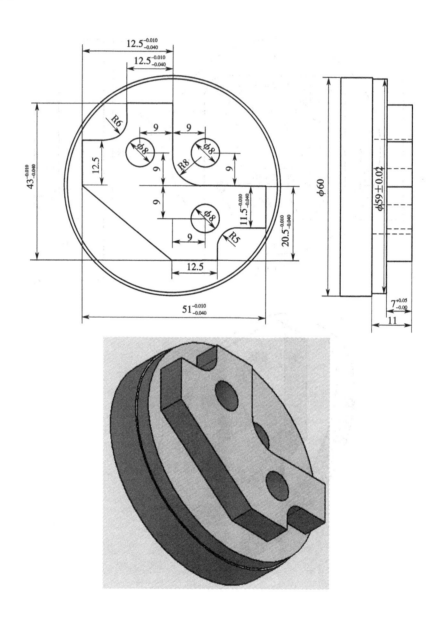

偏心零件

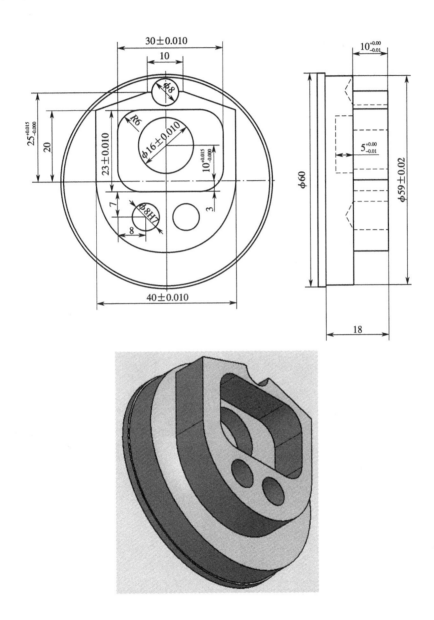